你释怀了吗

林姨 著

江苏凤凰文艺出版社
JIANGSU PHOENIX LITERATURE AND
ART PUBLISHING

图书在版编目（CIP）数据

你释怀了吗 / 林姨著. -- 南京 : 江苏凤凰文艺出版社，2025. 7. -- ISBN 978-7-5594-9884-7

Ⅰ. B848. 4-49

中国国家版本馆 CIP 数据核字第 2025QS3317 号

你释怀了吗

林 姨 著

责任编辑 耿少萍
产品监制 穆秋月 赵 月
策划编辑 苟 敏 刘 伟
责任印制 杨 丹
出版发行 江苏凤凰文艺出版社
南京市中央路 165 号，邮编：210009
网 址 http://www.jswenyi.com
印 刷 易阳印刷河北有限公司
开 本 880 毫米 ×1230 毫米 1/32
印 张 7
字 数 83 千字
版 次 2025 年 7 月第 1 版
印 次 2025 年 7 月第 1 次印刷
书 号 ISBN 978-7-5594-9884-7
定 价 58.00 元

人的一生，大多时候是没几个观众的。比起做一个优秀的人，
你更应该做一个快乐的人。

要给心灵空出三分地，
种种花，栽栽菜，长长草，吹吹风，晒晒太阳，
才能容得下他人，才能看得见慢生活，
才能感受到世间的美好。

稳赢心态：上天给你什么，你就享受什么；

上天拿走什么，你就接受什么；

上天没空理你，你就先做好自己。

人要有翻篇的能力，

不依不饶就是画地为牢。

生活是一面镜子。

你对它哭泣，它便还你泪水；

你向它微笑，它便回你笑脸。

人生小满胜万全，

就像人无法同时拥有青春以及对青春的感受一样，

有些东西正是因为失去才明白其中的意义。

学会放弃，

其实是一件很厉害的事情。

如果你爱的人不爱你了，请你不要不肯放手。

每天的天气会变，每天的人也在改变。

这世上人来人往，不是每件事都会有结果。

最好的结果是不强求。

对于失眠的人来说，幸福是每晚盖上被子就可以沉沉入睡；

对于食不果腹的人来说，幸福是每顿饭都有两菜一汤；

对于整日忙碌的人来说，幸福是每个周末都没有加班打扰。

那么，你的幸福呢？

人生一站有一站的风景，

一岁有一岁的味道。

人生无论怎样都会有遗憾，

不要以为那条没有走过的路会开满鲜花，

也不要以为人生能重来就可以改变结果。

爱是克制与珍惜，

要么不开始，要么一辈子。

三分遗憾，七分圆满，

就是对命运的回赠。

思想不在一个维度，听着就好；
认知不在一个高度，尊重就好；
三观不在一个层次，微笑就好。

致终将释怀的我们

有人问我：“释怀是什么？”

我说：“释怀就是，对过去的事情，不再怀念；对离开的人，不再渴望；对做不到的事情，不再自责；对得不到的人，不再留恋。”

他又问：“为什么我无法释怀？”

我回答：“因为你有执念。”

可是，即使我帮助他分析了无法释怀的原因，他也放不下过去种种的不甘心。我能理解，毕竟大道理谁都懂，做到却难于上青天。我私以为，要想释怀，必须先醒悟。

有个苦难的人对老和尚说："我放不下一些事，放不下一些人。"

老和尚说："没有什么是放不下的。"

他说："可我就是放不下。"

老和尚看他执迷不悟的样子，摇了摇头，让他拿住一个茶杯。然后，老和尚就往茶杯里倒热茶，一直到茶水溢出来。他被烫到后，急忙将装满茶水的杯子放在桌子上。老和尚语重心长地对他说："痛了，醒悟了，你自然就能放下了。"

醒悟与释然，正是我近几年面临的重要人生课题。

自从事自媒体行业以来，我的视野空前开阔，我看到了太多人世间的苦难，太多人生的无能为力。为此，我怀疑过人间是否值得。我也经历了很多很多，既有郁郁不得志的苦闷时光，也有爆火出圈的高光时刻；既有不忍割舍的名利心，也有拥有后不过如此的平常心……我的人生坐了一趟过山车，有了翻天覆地的变化。突然，就像触电一样，我的任督二脉通了，我能看透事物的某些本质，以及人性的某些阴暗了。我明白了，人生充满了变数，生活太不可控了，人生太不可控了。有些事情不是想做就能做成的，有些人也不是想得到就能得到的。一切都有因果，我们只能在因上努力，在果上随缘。

弘一法师说："终有一天你会静下心来，像个局外人一样回首自己的故事，然后笑着摇摇头。浮生不过梦一场，所以能够治愈你的从来都不是时间，而是内心的那份释怀和明白。"人生没有两全之策，我们终其一生要学会的不过是取舍罢了。生活，一半烟火，一半清欢；幸福，一半努力，一半随缘；人生，一半清醒，一半释然。凡我所失，皆非我所有；凡我所求，皆受其所困。生活不如意十之八九，该来的总会来，该走的都会走，不用抗拒，也不用挽留。

纪伯伦说："如果有一天，你不再寻找爱情，而只是去爱，你不再渴望成功，而只是去做，你不再追求空泛的成长，而只是开始修养自己的性情，那么你的人生才真正开始。"当我们释怀以后，便不会再被结果的虚幻所迷惑，而是洞悉人生的真谛，允许一切发生，允许一切如其所是，活在当下，享受生命的过程。

这本书里，记录了近些年来我的所思所悟，希望对读到它的你有所启发。

2025.5.20

林　姨

目录 CONTENTS

祛魅

学会爱

人生KPI

孩子的因果

种给 自己的 玫瑰

情感

01＼　你只是爱上了爱的假象

我刷到过这样的一个短视频。

妈妈指着小学一年级掉了门牙的儿子问：“早上去学校时还好好的，怎么放学回来少了一颗牙？”

儿子害羞地说：“不小心被小女生打掉了。”

妈妈又问：“谁打的呀？”

儿子开心地说：“你干吗？人家跟我道歉了，还关心我了，嘿嘿！她还问我疼不疼。”

妈妈又问：“你怎么说的？”

儿子说：“我问她手有没有受伤。我挺感谢她的。”

妈妈生气地说：“她打你了，你还感谢她呀？”

儿子手舞足蹈地说：“本来我的牙就快要掉了，是她帮我打掉的，我们还成为了好朋友。”

看完视频后，我心里飞出了和网友一样的评论：“真是恋爱脑呀！”不过，这只是孩童的懵懂好感，用来形容成人在恋爱时理智瘫痪的情况似乎不太妥当。

当坠入爱河时，我们就如同吃了迷魂药，听了迷魂曲一般，心灵不受大脑的控制，会不由自主地想着爱慕的人，恨不能与对方合二为一，24小时黏在一起；我们的眼睛失灵了，只会一味给对方加滤镜，而忽略了对方的缺点；我们的耳朵失灵了，只听得进对方的话，听不到朋友的话……我们彻底陷入对方的温柔乡中，失去了自我，不能理智判断对方是否真的能与我们白头到老；甚至失去了正确的是非标准，做出伤害自己或他人的事情，以不菲代价来换取对方的满足和陪伴。到了这种地步，我们便是人人喊打的“恋爱脑”了。

“恋爱脑”是一种爱情至上的思维模式，一恋爱就把全部心思放到爱情和恋人身上的人，我们便可以说他是“恋爱脑”了。“恋爱脑”并不是一个严格心理学上的定义，但在我们生活中，“恋爱脑”却是一个比较普遍的现象。

在我看来，沉浸在粉红泡泡中的“恋爱脑”最大的问题是爱幻想。他们大多把自己幻想出来的人当成恋爱的标准，当现实中有一个人符合他们幻想的某一方面标准时，他们便会奋不顾身地爱上那个人，并以他们幻想的标准要求对方。

从这种意义上来说，“恋爱脑”在谈恋爱时，爱上的是他们脑海中幻想的恋人，而不是现实中真实的恋人，比如仅仅因为对方长得像自己的偶像，就会爱上对方。

因此，“恋爱脑”的爱情是盲目的，是不真实的。被“恋爱脑”爱上的人如同工具一样，只是单方面地满足了“恋爱脑”的幻想，而不是被“恋爱脑”真正地去感知与认识，也就无法建立深厚的亲密联系。因此，我们要去除“恋爱脑”，也就是俗话所说的“过情关”。那么，如何“过情关”呢?

最好的方法是：对爱情祛魅。

萧红说：“理想的白马骑不得，梦中的爱人爱不得。”

不要把自己当成白雪公主，因为现实生活中没有白马王子；不要把自己当成紫霞仙子，因为现实生活中也没有盖世英雄。要把自己当成具体的人，也要去爱具体的人；要去接受生活的洗礼，也要去爱懂生活的人；要去爱可触及的人，也要去过可触及的生活。只有这样，我们才会触及爱情的本质，变得成熟、理性，既能看到对方的美好，也能接受对方的瑕疵。

当不再把对方当成完美无瑕的宝物时，我们就不会把自己不切实际的虚妄幻想寄托在对方的身上，我们会把对方当成是与自己一样拥有肉眼凡身的人，我们会真正地走入对方的世界，也会让对方走入我们的世界。那时我们便能明白，我们能爱的人其实很普通，他们走入人群中就会被人群淹没；我们爱的人其实是一类人，失去了也还可以找替代品。

过了“情关”后，我们就能放下执念，看淡看开，我们就不会再惧怕失去对方，我们就不再会失去自我，我们就不再会为了不切实际的陪伴与满足而放弃是非标准。我们会怀着一颗爱人等于爱己的悲悯之心去爱对方，并享受爱的过程。

02＼不是眼睛的错，是心灵的错

俗话说：“男怕入错行，女怕嫁错郎。”嫁什么样的男人，关乎女人未来幸福与否。爱情是女人的灵魂，在感性加持下，作为女人的我们很容易爱错人。

有一个朋友在聊到不幸的婚姻时，半开玩笑又带有怨恨地说：“我当时真的是眼瞎了，不知道怎么的就嫁给了他！”

我也半开玩笑地说：“当时没顶住人家的情意绵绵吧？”

她说：“你别说，还真是！他那人吧，别的一无是处，说情话还真不是吹的，一套一套的，我听得都迷糊了！”

我说：“那你也不能只因为他会说情话就嫁给他呀！”

她说：“那当然，当时他追我追得可猛烈了，我虽然很开心，但还是清醒的，我知道这种说甜言蜜语的男人靠不住。”

我说：“那你还嫁给他？”

她说：“我决定嫁给他是因为一件事。”

我说：“什么事情呀？”

她说：“当时我生病了，父母不在身边，他连夜带我去医院看病。我看到他帮我拿尿液送给医生检验时，我彻底被感动了，以为他对我这么好，可以托付终生，就决定与他在一起了，哪承想他实际上与我根本不搭。”

我说：“在那种情况下，估计是个正常女人都会感动吧！”

她说：“感动有什么用，实际上我们差远了。他一点也不成熟，跟个孩子似的。生活上都是我在打理，孩子他也没给过多少关爱，工作上他更是混一天算一天，整天只知道去哪儿吃、去哪儿玩。他一点男人样都没有，屁大点事情都来找我，整得我像是他妈一样，我现在对他是一点爱人的感觉都没有。”

听完后，我感到很唏嘘，因为像她一样的人不在少数，她们总是把自己爱错人的原因归结于“眼瞎”，但真的是因为“眼瞎”吗？

其实，她们不是因为“眼瞎”爱错人，而是因为当时的心灵判断力不够而爱错人。

女性在年轻时择偶的优势远远大于男性，被很多男性追求是普遍现象，俗称“开局就是王炸”。俗话说：“与人相处，始于颜值，敬于才华，合于性格，久于善良，忠于人品。”囿于当时的认知，在追求者众多的情况下，年轻女性很难不眼花缭乱，也很难挑选一个与自己相匹配的人，甚至对于大多数女性来说，根本不具备能力挑选一个品行良好的男性作为伴侣。

大多数女性会凭着诸如长相、经济等外在条件择偶，还有些女性会凭着感觉做出选择。

感觉并非完全可靠，存有运气的成分，碰到一个品性良好的人自然是赚，但大多好感其实是虚假的“对我好”。

等我们真正看清楚他的面目时，才发现他并不是理想中的伴侣，但因为各种利益纠缠及沉没成本，又不能割舍，因此在“嫁鸡随鸡，嫁狗随狗”的无奈与断舍离的果决之间反复摇摆，蹉跎岁月，愤愤不平。终归是被心灵的“感动”欺骗了呀!

发现自己爱错了，怎么办呢?

我的回答是：买单离场。

真心很贵，不能逢人就给；感情很重，不能轻易卑微。不需要的东西，再便宜也不买；靠不住的人，再寂寞也不依赖。

心给对人是无价，给错人是一文不值。“山无陵，江水为竭，冬雷震震，夏雨雪，天地合，乃敢与君绝。”这样的誓言，就像蒲公英一样，风一吹就散。

不要再纠结于过去的付出，越早远离，越早解脱；也不要害怕未来的不确定性，要明白任何时候，我们都可以重来。

03＼　我以为可以改变他

在亲密关系中，我认为女性最容易犯的错误就是：相信自己可以改变他。

我有一个大学同学，跟我关系很要好，不久前我们聊天时，她说："林姨，我跟他离婚了。"

听完后，我有些惋惜，也感到震惊，因为他们之间的矛盾在我看来还没有发展到不可调和的地步。我试着安慰她："也好，你们本就不合适。"

她说："是呀，我以为我可以改变他，没想到我改变不了他，他也不能因为爱我就会为我改变。”

她与她老公是大学时候就认识的，两人一见钟情，各方面都很匹配。但是，她很排斥老公抽烟的恶习。在老公一个月不抽烟，并信誓旦旦地保证戒烟的求爱诚意下，她信了，答应与老公在一起。令她崩溃的是，老公与她在一起后并没有戒掉烟，而是偷偷地吸，每次被她发现时，老公总会抱着她，一脸真诚地说：“对不起嘛，我会戒掉的，这是最后一次，相信我。”她又信了，忘记了委屈，满心欢喜地等着老公戒烟。就这样，他们带着犹豫走进了婚姻的殿堂。两人在一起生活后，她更加忍受不了了。因为谈恋爱时多少有些距离，即使老公偷偷吸烟，只要不在她面前，对她的影响也不会达到让她想要分手的地步，但结婚一起生活就不一样了，老公不但不提戒烟的事情，而且更加肆无忌惮了，甚至当着她的面也吸，屋子里到处是烟味，她彻底受不了了，她那根神经时时刻刻都被她老公的烟味牵扯着。他们时常因为这件事大吵特吵，老公反过来说她：“我抽烟怎么了？你是有多矜贵，一点烟味儿都受不了！”就这样，他们分居了，感情生活一塌糊涂。

她对我说：“直到现在，他还是没有改变！”

我说：“孩子没有劝你不要离婚吗？”

她说：“我对孩子说：‘孩子，妈别的都能忍受，就是不能忍受你爸抽烟。希望你能理解妈妈，一辈子太长了，太难忍下去了。’”

是呀，一辈子很长，但不足以我们改变一个人。

在感情中，我们都想着改变对方，希望对方变成我们想象的样子。但我们忘了，对方也和我们一样，想让我们为他而改变，而不是被我们改变。所以在感情中，试图改变对方是很难成功的，只会消耗双方的心力。我们扪心自问，就连改变自己都很难，更何况是改变他人呢！

宁可花时间选择一个对的人，也不要煞费苦心地改变一个错的人，狗喜欢啃骨头，猫喜欢偷腥，刻在骨子里的思想是很难被他人改变的。即然连父母都没法改变他，你又何必找苦吃呢。

对于爱人，我们只要筛选即可，而不要盲目相信自己的爱可以改变对方，更不要把对方为自己做出的改变当成是爱自己的表现。如果已经处于这样的关系中，首先，我们要尊重对方的需求，因为尊重往往比带有控制的改变更有效。如果对方没有因为我们的尊重而尊重我们的需求，那么还是尽早离开比较好，因为这样的关系不平衡，迟早有一天会坍塌！

04＼　虚荣是爱情的毒药

有一个90后的男孩私聊我："林姨，我发现我女朋友很虚荣，但我又很爱她，我应不应该跟她分手呢？"

我回他："女孩子嘛，有点小虚荣也是正常的，只要不是太过分就行。"

他说："我也是这么想的，但她真是太过分了，过分到我没法满足她了。"

我问："怎么说？"

他说："她家里条件不是很好，她也知道我家里条件不是很好，但她就是向往奢侈的生活。衣服要穿大牌的，包包要背LV的，香水、口红要香奈儿的，化妆品也是非大牌的不用，出去玩还首选国外游，外出吃饭不是高档餐厅不去……总之，她的生活要精致，可是单都要我来买。”

我说：“那她确实有点过分了，但如果你们还能负担得起的话，也不一定要分手呀，毕竟你们还年轻嘛，生活压力不是那么大的话，还是可以适当享受生活的，没准等她年龄再增长一些，消费观就改变了。”

他说：“不是的，林姨。生活上这些消费，我都不说什么了，因为我工作也还可以，挣得也不少。最关键的是她不真实，她活在自己塑造的人设里，一点都不真实。”

我说：“怎么说？她又不是明星，要什么人设？”

他说：“她给自己塑造的是精致又懂生活的人设，她爱发朋友圈炫耀，哪怕她没做的事情，她也会发。就上个周末，即使我跟她没出去玩，她也要在朋友圈发一些之前出去玩的照片，配文说自己出去玩了，我非常不理解。”

我说：“生活是自己的，确实没必要做样子给别人看！”

他说：“可不是嘛，我说不听呀！更要命的是，她还喜欢跟她的闺蜜比。”

我说："有什么可比的，每个人都有自己的生活。"

他说："是呀，她闺蜜的男朋友在市里买了大平层，她也要我买大平层才愿意跟我结婚；她闺蜜的男朋友买了宝马，她也要我买奔驰；她闺蜜结婚去五星级酒店办酒宴，她也要求我结婚时去五星级酒店办……反正在她的眼里，就是不能比闺蜜差。"

我说："她这要求确实太不合理了。"

他说："是呀，虽然我现在挣得不少，但怎么也比不上她闺蜜的男朋友是富二代呀！所以，我现在很犹豫要不要跟她分手。"

我说："她呢？她工作挣得多吗？"

他说："不多，她只是一个文员。她每月挣的还不够她买化妆品。"

我说："我觉得你们的关系是失衡的，她的虚荣都是你在买单，虽然你现在还能负担得起，但我觉得你迟早会有一天负担不起。至于要不要分手，还是要看你自己。"

巴尔扎克说："虚荣心不过是带着面纱的贪婪。"生活要真实，爱情也是要真实的。在爱情中，虚荣是万万不可的，因为我们会不自觉地让另一半为自己的虚荣心买单。

05＼　谨防情感中的 PUA

看到北京大学的女学生包丽因不堪忍受男友长期的精神操控和虐待而自杀的新闻时，我震惊了，怎么谈个恋爱还把命丢了呢？我为受害的女学生包丽感到很心痛，更为女性在情感中的人身安全感到深深的担忧！

说起精神操控，就不得不提近几年社会上讨论热度很高的词语：PUA。PUA，全称“Pick Up Artist”，翻译为中文的意思是：搭讪艺术家。PUA是一套由美国夜店文化发展出来的社交理论，最初是用来指导社交技巧较差的男性接近并搭讪女性，后来演化成通过一系列情感操控的手段对受害者进行心理控制的精神操纵术。PUA的行为并不只存在于恋爱关系中，还出现在职场、家庭等各种人际关系中。PUA的受害者也不仅仅限于女性，男性也有。

在情感关系中，PUA施害者往往会通过打压、贬低、欺骗、情感勒索等方式，让目标受害者逐渐失去自我价值感和判断力，从而对其产生依赖和服从，甚至心甘情愿地被其奴役，或付出金钱，或与其发生性关系。可见，PUA对于受害者来说，就是噩梦。

如何判断自己被PUA了呢?

PUA本质上是一种情感驯化，受害者通常会经历三个阶段：1.被打压之后开始自我怀疑，变得不自信；2.陷入自证旋涡，想方设法让对方相信自己，以解除对方对自己的“误解”，从而又陷入渴望对方认可的陷阱中；3.发现自己无法说服对方，只好压抑自己，服从对方，任由对方摆布。一般来说，只要意识到自己正处在上面的某个阶段，那么便可以判断出自己正在被PUA。但是，PUA施害者的手段很高明，常常是以陷阱的方式设套，受害者很可能从最开始就会被甜言蜜语拐进PUA施害者的陷阱中，不能自拔。

具体来说，PUA施害者主要会设以下五个陷阱：

1.好奇陷阱。比如，PUA施害者往往会“包装”自己，把自己打造成企业家、艺术家等容易被受害者认可的“完美人设”，或者表现出具有独立、善良、有爱、专一等高尚品德，以使受害者放松戒备心。

2.探索陷阱。PUA施害者故意示弱，营造与“完美人设”有反差的一面，以博得受害者的同情，让受害者产生“自己是特别的人”的错觉。

3.着迷陷阱。当受害者表现出对自己的信任与好感时，PUA施害者会开始诱导受害者向自己表白，但PUA施害者却不主动承认或明确双方的关系。这会激起受害者的征服欲，对PUA施害者更加着迷。

4.摧毁陷阱。等两人建立亲密关系后，PUA施害者就会表现得忽冷忽热、若即若离，让受害者认为“要想方设法讨好施害者”，进而表现出卑微的行为，甚至沉沦在挫败的感情中无法自拔。

5.虐待陷阱。PUA施害者会用语言或者行动虐待受害者，包括责骂、威迫、人格诋毁或冷暴力，甚至是家暴、性侵等，只为完全掌控受害者，以满足一己私欲。

那么，在情感关系中，该如何避免自己被PUA呢？

我的回答是：信则有，不信则无。

PUA的基础是锚定受害者的一种自我幻想，即根据受害者的喜好植入一种“他拥有我的喜好”的意识。

在PUA之前，施害者会对特定目标受害者进行“背调”，并根据“背调”结果“私人订制”PUA方案，以保证实施成功。

面对陌生的情感关系，我们要下意识地开启“恋爱防火墙”，不相信对方表演出来的人设，就会拥有更多的机会识别对方真实的模样。

根据调查表明，被PUA的受害者大多具有爱幻想、很在意他人的看法和感受、很容易自我怀疑、缺爱等特征。因此，我们要不断地认识自己、认识世界，知道自己的软肋，懂得世事的艰难与人心的凶险，少一些幻想，活在真实的世界中，活出自我，那么便可以减少被PUA的风险。

如果发现自己在一段恋爱关系中已经被PUA了，那么最好的办法是：立马与他断绝关系，并删除他的所有联系方式；如果遭受身体与心理的伤害非常严重，那么要勇敢地报警，并拿起法律武器维护自己的权益。简单点来说，就是翻篇。如果还不甘心，抓着过去不放，无所谓地消耗自己，就会陷入死循环。

判断自己是否被PUA还有一个简单的方法，那就是：如果当一段感情没有把你变得更好，而是让你变得敏感多疑、否定自我的时候，那大概率你就是被PUA或者陷入了一段关系恶劣的情感中了。

因为，与错的人在一起，你会被消耗；与对的人在一起，你会被成就。

被PUA当然会被消耗，那个PUA你的人会像榨甘蔗汁一样把你的气血榨干，然后吐出仅剩“渣滓”的你。

老话说得好："害人之心不可有，防人之心不可无。"在享受恋爱的甜蜜时，我们要克服自己的弱点，时刻警觉，以防掉入魔鬼的陷阱中。

如果发现自己已经掉入了魔鬼的陷阱中，那么我们要鼓起勇气，与PUA斗争到底！

06＼　如果你幸福，我会比你先掉眼泪

我在网上刷到一个帖子，博主问："如果有一天，你跟你的爱人分手了，你会对他说什么？"

其中，有一个女网友是这么回复的："我会对他说：'如果你幸福，我会比你先掉眼泪。'"我深表赞同，暗自为她的爱人感到高兴。

在面临感情破灭时，女性往往比男性更加容易不舍与悲痛，甚至由爱生恨，用恨祭奠那段死去的爱情。

我认为，那个女网友在情感上和心智上都很成熟。我虽然不知道她的爱人有多爱她，但我十分确信她一定很爱她的爱人，因为真正爱一个人会由衷地希望对方幸福，即使对方的幸福可能与自己没有关系。在面对分手时，一个在情感上和心智上都很成熟的人即使很爱对方，很舍不得对方，也不会过多挽留，因为他明白，爱情，该开花的时候会开花，该凋落的时候会凋落，不是任何一方说了算的。

在我看来，失去一个很爱的人其实不是一件坏事。因为疗愈的过程会让我们完满，让我们懂得生活不是只有爱情。

我们会重新认识自己，重新认识世界，明白爱的意义在于以两个人的方式体验生活，而不是抓住一个人满足自己爱的需要。

我们会明白世事难料，在爱情这种两个人的游戏中，任何一个主观以外的客观问题都会左右爱情的结局。

我们会看到生命中很多人早晚都会随风而逝，留得住的自会留下，留不住的再怎么挽留也没有用。

我们在疼痛中感悟，知道爱情最大的遗憾是错过了那个一直把自己放在心上的人。以前总说来日方长，却不知有些人一旦走散，便再无归期；后来什么都有了，唯独没有我们，因此我们懂得了珍惜。

在我的爱情观念里，我认为每个人的情都是有限的，有的人多，有的人少，情多的人可能有一个水池也装不下，情少的人可能一个矿泉水瓶就装满了。再者，我认为情就像金钱一样，花一块就少一块，花在这个人身上就永远地花在了这个人身上，不会转移到那个人身上。因此，当我把一定量的情花在某个人身上时，就意味着我的那部分情永远地给了他，再也不可能收回来了。所以，我跟那个女网友一样，很难对爱过的人产生恨意，即使当初在一起时他伤害过我。我更多的是怀念他当初的好，如果某天听到他过得很好的消息，虽然我不一定掉眼泪，但一定会由衷地祝福他。

在人生的这趟列车上，注定人来人往。就像西湖的美景再好，也不能任由一个人私有。如果那一天来临，我们要做的是，在放手时由衷地对他说：“祝你幸福！”

07＼ 男人应该学会爱

有人说：“不要纠结男人爱不爱你，男人是没有爱情的，他跟小孩子一样，只追求快乐和无条件的母爱。”在很多女人眼里，男人都是心中只有利益的自私鬼，根本没有爱情。

我认为，这个论断是不对的。

很多女人眼里没有爱情的男人，其实更多的是不会爱人而已。

根据心理学家武志红关于中国原生家庭的研究表明，这样的男人多在比较传统的家庭环境中长大。在家庭与社会的期望下，他们往往会压抑自己的情感需求，不敢轻易表达自己的脆弱，以及很少向他人寻求情感安慰。因此，他们很少能得到爱的滋养，对爱形成不了系统性的理解，所以也就不太懂得如何去爱人以及接受被爱，即不擅长处理情感问题。换句话说，这样的男人情感大多是不成熟的，在情感成熟的女人眼里，他们爱的行为就会显得“幼稚”。

情感不成熟的男人既不懂爱，也不懂女人。他们不明白爱情的本质是情感价值的互相交换，他们追求女人时是不讲需求匹配的，不会“找钥匙开锁”，只会“大力撬锁”，即一味地通过讨好换取女人的爱。余华在《女人的胜利》中说：“他会求你，他甚至会下跪，他还会打自己的耳光，你都不要心软。他会一次次地发誓，男人最喜欢发誓，他们的誓言和狗叫没有两样，你不要相信。”讲的就是这种现象。

像这样得来的爱情，大多是自我感动式的，往往以失去自我为代价。因为这样的男人是找“母爱”式的爱情，所以他们注定要被女人嫌弃。

另外，不擅长处理情感问题意味着在情感关系中男人更费力。

情感对于男人来说是消耗品，对于女人来说是滋养品，这句话一点也不假。

普遍来说，女人的情感比男人更加深刻复杂，即女人的情感指数要高于男人。因此我们也总说，女人多感性，男人多理性。大多数女人对情感有更多的感受和认识，且能够更加敏锐地察觉到伴侣的情感变化。所以，在情感关系中，她们更擅长察言观色，表达出伴侣需要的情感慰藉。她们也更乐于与伴侣建立情感链接，以维系关系的持久与稳定。在持续处理情感关系的过程中，女人掌握了把握情感的能力，因此处理情感问题并不需要花费太多精力，甚至稳定的情感链接还能滋养女人。男人则不同，男人着眼在大，面对细腻的情感问题会显得束手无策，处理起来自然要消耗大量精力。所以，很多女人会有这样的一种感觉：男人在追自己时，很用心，很热烈；追到后，马上就换了一副嘴脸，对自己似乎一点也不上心了。这让女人感觉男人不再爱自己了。这是正常现象，因为不擅长处理情感问题让男人费了太多心力，当追到女人后，他们以为完成了追女人这个任务，再也不需要像之前那样花心思维持情感了。

这样说来，是不是身为男人就可以用“不擅长处理情感问题”的借口躲避来自伴侣的情感需求呢?

当然不是！先天不足，后天也还是可以完善的嘛！我认为可以从以下几个方面做出努力:

其一，爱自己，把小时候没有得到的爱补回来。在爱情关系中，我们不但要忠于伴侣，而且要忠于自己。多问问自己的内心，自己想变成什么样的人，想要什么样的伴侣，想追寻什么样的生活，想实现什么样的理想。面对不喜欢的人时，要懂得拒绝，不迎合，不勉强。把更多的时间和精力用来提升自己，让自己变得更好，才有能力去爱别人。要对自己负责，把自己的事情打理好，让对方对你放心，让对方爱你没有压力，你自然会收获对方的爱。正如人们常说的：“你若盛开，蝴蝶自来。”

其二，要敢于表达自己的情感需求。有句歌词说得好：“男人哭吧哭吧哭吧不是罪。”男人也是人，有脆弱的一面很正常。要敢于把自己的孤独、焦虑、沮丧和不安表达给伴侣，寻求她的安慰。只有你的情感需求被伴侣看见，你被关爱和理解时，你才会更加自信，拥有安全感，才能恢复情感能量，并反哺伴侣。你要相信，真正爱你的女人是不会拒绝向你提供情绪抚慰的。如果她不懂，你要主动引导她付出。如果她不愿意，说明她心里根本没有你，那么你也就知道她值不值得你爱了。

其三，要不断地培养爱的能力。爱的能力包括爱与被爱。爱一个人等于爱自己，需要怀着怜悯之心，需要设身处地为对方考虑，需要承受对方不能承受的命运之重。爱需要感知到对方的情感需求，需要以对方喜欢的方式去爱对方，而不是一厢情愿地去爱。比如，对方想要一个苹果，你却给一个梨，你还觉得你付出了很多，不满意对方的控诉。以道驭术，术必成；离道之术，术必衰。被爱的前提是不自卑，有配得感。

其四，要主动了解女人。相较于男人，女人更注重表达自己的感受，需要你去“解读”。有时候，她只是在表达一种模糊的情绪，并不是要什么，你要学着去感知，看清背后的缘由，去戳破她的担心，去抚慰她的情绪，她自然就能恢复原样，也就不会再说你是不会提供情绪价值的“大直男”了。

对于男人来说，爱与被爱是一生最值得培养的能力，是通往爱情和家庭的凭证。一个情感成熟的男人，必定不会缺少女人的爱。唯有勇敢地面对自己不成熟的情感观念，才可能真正地学会爱，得到爱，并在这个过程中实现自我成长。

08＼ 婚姻不是幸福的保险箱

很多婚姻失败的人都会吐槽："原来以为结婚后两个人过一定会幸福的，哪想到还不如一个人过！"钱钟书在《围城》里也说："婚姻就像一座围城，围城外的人想进来，围城里的人想出去。"在走入婚姻的殿堂时，我相信有人和我一样都曾抱有不切实际的幻想，认为婚姻是充满浪漫与甜蜜的伊甸园，是逃避外界生存压力的避难所，是爱情的保鲜剂，是永远幸福的保险箱。

然而，等我真正地走入婚姻后，才发现花前月下的浪漫是少数，更多的是柴米油盐的琐碎与无奈。

我也时常听到：某个女人最初为了爱情嫁给某个穷小子，哪里知道那个穷小子要么是扶不起的阿斗，要么在咸鱼翻身后变成了忘恩负义的陈世美。

在我看来，对婚姻抱有幻想的人归根到底还是不懂婚姻。

就个体关系来说，家庭是夫妻双方重要的情感交流场所，承载着夫妻双方的情感需求。当我们遭遇挫折心情低落时，伴侣会给予我们安慰和鼓励；当我们取得成就，心情愉悦时，伴侣会赞美我们，使我们的幸福感增加。另外，婚姻生活也为我们提供一个走出自我、融入他人的机会。

在婚姻生活中，我们要从婚前一个人的生活中走出来，然后走入婚后两个人的生活中去。

这意味着我们要处理“一”和“二”的关系，要舍弃一部分自我，才能与来自不同原生家庭、不同成长环境，有不同生活习惯的另一半在同一个屋檐下朝夕相处，同床而眠。

从这个意义上来说，婚姻是一面“照妖镜”，它会把我们最真实的样子呈现出来，包括我们内心最隐蔽、最脆弱、最孤独、最不堪的阴暗面。

因而，有时候我们发现原来那个看似完美的爱人居然如此不值得。

就社会制度来说，婚姻是男女结合为夫妻关系的社会组织形式，是家庭产生的前提。夫妻双方通过婚姻组建家庭，将两个陌生的家庭连接在一起，形成稳定的社会网络，共享双方原生家庭的资源、信息；同时生儿育女，为社会提供新的劳动力，最终服务于社会发展。从这个意义上来说，婚姻的本质是价值的交换。

看清婚姻的本质后，我们便会对婚姻祛魅，我们便能明白婚姻不过是有别于单身的另一种生活，它并不能一劳永逸地解决“寻找幸福”的问题。相反，它是人生又一个新的起点，同样需要我们用心打理和经营。

那么，如何经营婚姻呢？

首先，要把“家庭”当成“公司”经营。婚姻好比是夫妻二人合伙开公司，要分工合作，比如男主外女主内；要树立长远目标，比如五年内在市里买一套属于自己的房子；要确立使命，比如传承公平正义、读书勤学的家风；要勇敢地共担责任，婚姻如人生，随时有可能出现意外，一方暂时倒下，另一方要暂时顶住；要共同努力，只有两个人一起向前走，才能走得更平稳。否则，就算夫妻二人能力再强，激情再多，兴趣再足，也很难把名为“家”的公司经营好，甚至赔本破产。

其次，不能因为结婚就停止成长。要通过婚姻认识真实的自己，看见自己的脆弱与创伤，看见自己的需求与渴望，看见自己的不足与短板，看见自己的闪光和力量，从而不断地提升自己的情感能力，学习如何与伴侣更好地沟通，如何处理家庭矛盾，如何在平凡的生活中创造惊喜，争取在婚姻生活的马拉松中不掉队。

最后，要有一颗平常心。没有谁的婚姻能永远轰轰烈烈的，再如胶似漆的夫妻经过多年的共同生活后，也会熟得不能再熟，产生审美疲劳。但正是在岁月的洗礼下，使得我们从爱人升华为亲人，融入伴侣的记忆、血液之中。

好的婚姻有三个阶段，前期靠热情，中期靠磨合，后期靠坚守。

在家庭中，丈夫是妻子的命，妻子是丈夫的运，加在一起叫作命运。所以，婚姻不是1+1=2，而是0.5+0.5=1。

不要总期待对方那么完美，懂得付出和包容才是婚姻最好的保鲜剂。

经营婚姻不容易，要多些耐心，多些包容，多些理解，才能一起抵达岁月静好。

09＼ 结婚不是人生的 KPI

有一个33岁的女孩气愤地跟我说：“林姨，我爸妈天天催我结婚，我快要被他们逼疯了！我该怎么办呀？”

我表示理解地说：“被催婚的滋味确实不好受，不过从另外一个角度来说，他们也是在关心你呀！”

她更加不满地说：“他们才不是真的关心我呢！他们在乎的是自己的面子！林姨，你知道他们是怎么催我的吗？”

我说：“怎么催你的？”

她说：“我妈对我说：‘你好歹也给我们争口气呀！’

我实在想不明白，我结不结婚跟给不给他们争气有什么关系！”

我说：“你父母的观念比较传统，在他们看来，人一定要结婚生子才会幸福。另外，他们认为帮你完成婚姻大事，是他们作为父母的任务。只有你结了婚生了子，他们心里的那块石头才会落下。所以，你结不结婚不只是你的事情，还是他们的事情。他们说你不给他们争气，是因为他们只是普通的老百姓，一辈子都在人云亦云，跟周围的人比着过日子。在他们周围，别人家的孩子都结婚生子了，而他们的孩子还在单身，他们就会有负罪感，觉得没面子。”

她有点理解了，但还是愤恨不平地说：“那他们也不能像给牲口配种一样，随便拉个男人来就让我跟他结婚吧？我又不是动物！”

我听了笑着说：“你这孩子倒挺会形容！你父母确实是病急乱投医，不过我认为根本原因还是观念的不同。在你的父母看来，结婚生子、养儿防老很重要，但因为你还小或者说不相信养儿可以防老，所以你无法体会那种重要；相反，你认为结婚必须以爱情为前提，但你的父母认为结婚不过就是找个人搭伙过日子，要什么爱情，爱情又不能当饭吃。实际上，你的婚姻成了他们的人生KPI，只要没有完成，他们就无法安宁。他们催你结婚，其实是不在乎你婚后幸福不幸福的，他们只在乎你有没有结婚、有没有生孩子。”

她说：“林姨，你说的这些我也感觉到了，但他们这样的行为不是本末倒置了吗？结婚不是为了过得幸福吗？”

我说：“你的父母当然是希望你能幸福的，只是你一拖再拖，现在在他们看来你已经过了结婚的最佳年龄段，所以他们对你已经不抱希望了，只是觉得你能找到一个人嫁了，他们能完成任务就万事大吉了，毕竟家里的亲戚在他们面前念叨你的婚姻时，他们真的很无地自容。”

她说：“原来我的幸福还不如他们的面子重要！”

我说：“老一辈人嘛，自尊心强，你还是要多理解他们。他们催他们的，你多跟他们打打太极。”

她说：“他们应该多理解我才对！上学时，把我管得死死的，严禁我早恋；等我大学毕业了，就希望天上掉下一个金龟婿，赶紧进入婚姻殿堂。从“严禁”到“催促”，他们变脸的速度简直比百米飞人博尔特还快。可是他们从来没有告诉我应该追求一种什么样的爱情和婚姻，等我开始有点明白爱情、婚姻的道理后，发现我已经成了他们眼中的大龄剩女了！他们就像赶鸭子一样，不管相亲对象如何都介绍给我，完全不顾我的需求。林姨，你都不知道他们介绍的人有多离谱，他们甚至让我跟一个二婚男结婚！靠相亲找结婚对象根本不靠谱！”

我说：“确实，通过相亲找到心仪的伴侣不是很容易，不过可以把相亲当成是接触异性的机会，没准就碰到能让自己心动的人呢！”

她说：“林姨，我对婚姻有点不抱希望了。现在生活压力这么大，结婚生子好像只会更加拖累自己！”

我说：“那就看你怎么想了。婚姻不是人生的必需品，生孩子不是，买房子更不是。生活是自己的，与别人无关。你应该自己去定义人生的大事，活给你自己看。其实，结不结婚都会后悔。巷子里的猫很自由，却没有归宿；围墙里的狗有归宿，却终身都要低头。人生这道选择题，怎么选都会有遗憾，关键在于你是否愿意去承受。”

她对婚姻似乎更加明晰了一些，对我说：“谢谢你，林姨！我会勇敢去面对的。”

其实，每个人的期望、满足、失望、遗憾都应该是自己的，不应该归结于他人，即使是父母与子女的关系，也是如此。因为每个人都是独行侠，只有当下的自己能够理解自己。

婚姻是神圣的，关乎个体的成长和感悟，不应该催促。就像杨澜所说的：“婚姻的纽带不是孩子，不是金钱，而是精神的共同成长。你们之间除了爱，还要有肝胆相照的义气、不离不弃的默契、共同孕育的成长，以及铭心刻骨的恩情。”

无论作为父母还是作为子女，都要警惕把结婚当成人生的KPI。

10＼ 父母也是孩子

父亲打电话问我："林林，抖音账号怎么注册呀？"

我笑着说："爸，您也是老知识分子了，怎么连注册个抖音也不会呀？"

他也打趣地说："你都说我是老知识分子了，老古董哪会玩你们年轻人玩的东西嘛！"

我说："您可不古董，您现在都玩抖音了。"

他说："你不是在做视频博主吗？我跟你妈想通过抖音来看看你。"

我鼻子一酸，但还是强装镇定地说："我不是前两天刚去看你们了吗？再说了，看了这么多年，你们还没看够呀？”

他故意说：“我是早看够了，你妈没看够，要不是她成天嘟囔着上抖音看你，我才不问你呢！”

突然，我妈不知从哪里冒出来，说：“林林，你别听你爸瞎说，是你爸自己念叨着想用抖音看你的视频，他还不好意思承认。”

像上面的例子不少，有时候我妈会跟我撒娇，说我爸的坏话；有时候我爸会固执己见，我怎么安慰都没有用；有时候我妈会因为一件小事情而特别地开心；有时候我爸会因为一件小事而莫名地发脾气……不知不觉间，我发现小时候眼中身形伟岸、无所不能的父母消失了，取而代之的是矮小瘦弱、情绪化颇为严重的“老小孩”，对我越来越依赖了。

父母对我的依赖满足了我被需要的心理感受，也让我明白了父母其实和我一样，也有脆弱的一面。他们是超人，也是凡人；他们会孤独，也会恐惧；他们之所以向我撒娇，不过是用温和的方式表达对我的思念，以争取我的关怀；他们跟我闹脾气，是因为他们内心不安。我越来越感慨，生命就是一个循环，从孩子到父母，又从父母到孩子。小时候是父母牵着我走路，现在是我扶着父母前行。

以前不懂的时候，我会觉得莫名其妙；现在懂了，我会尽量抽时间陪伴他们。比如，我会偶尔回去跟父母同住，趁机了解他们最近的身体情况；我会教父母使用智能手机，让他们使用微信跟我视频；我会带他们去电影院看电影，去歌厅唱歌，让他们也体验年轻人的生活……相比于早些年，近年来我与他们的联系更为紧密了。在这个过程中，我体悟到为人子女与为人父母的真谛。

《孔子家语》有言："树欲静而风不止，子欲养而亲不待。"对父母的遗憾莫过于不能尽孝。虽然过去我们错失了不少时光，但是从现在开始行动起来，父母不会责怪我们给他们的爱来得太晚。

11＼ 孩子有自己的天空

我发现，很多父母在教育孩子时最容易犯的一个错误是：该放手的时候舍不得放手。

我有一个朋友，她有两个男孩，大的上中学，小的上小学。她很溺爱两个孩子，舍不得打，舍不得骂，更舍不得他们吃半点苦。有一次，我去她家做客。她又是帮大的剥虾壳，又是给小的盛汤夹菜，自己的饭一口没吃。我看了直摇头，对她说：“你不累吗？”她吐槽起来：“你都不知道，我家这两个孩子懒死了！不给他们放在碗里，他们都不会吃！”我说：“你太勤快了，孩子可不就懒吗？”不止如此，她的溺爱几乎到了病态的地步。她怕孩子受伤，所以不让孩子自己煮东西吃，即使孩子很想学做饭；她怕孩子被骗，所以不让孩子跟小区里的其他孩子玩耍，即使孩子很想交朋友；她知道孩子把牛奶当水喝且只喝饮料不喝水不利于身体健康，但她不引导，不制止；孩子不爱学习，成绩总是垫底，她从来不反思自己的教育理念，只是一味地担心，寄托于花钱请家教来改善……她为了孩子辞去工作，全身心投入地照顾孩子，但是收效甚微。她的大儿子心智远低于同龄人水平，上中学了依旧喜欢跟小学生一起玩，在学校经常被同学欺负；她的小儿子事事依赖她，胆小怕事，没有一点自主能力。我总能听到她抱怨照顾孩子多么多么辛苦，但我一指出她教育孩子的不妥之处，她就不开心了。

我明显地感到，在她温室一般的圈养下，孩子失去了经营自己和走入社会的能力。

可是孩子总要像雄鹰一样离开父母，以爱之名的过度保护真的需要吗？当然不需要。

我认为为人父母不应该太操心孩子，父母所有的操心基本上都是徒劳的，因为孩子有自己的因果，也要在自己的因果中轮回。

我们担心孩子学习不好，但孩子或许会活出我们意想不到的精彩；我们总想着替孩子避开所有的弯路，但孩子必须摔过一些跟头才会成长。

爱不是紧紧攥着，因为攥得越紧，孩子就越想逃离；情不是事事操心，因为操心越多，孩子就越不耐烦。管控孩子就像握住一把沙，适当地放松，反而能留在手心。

对待孩子只有三件事：父母的事，尽力就好；孩子的事，鼓励就行；老天的事，接受便是。

孩子有孩子的命运，不要太把孩子当回事，否则就是对孩子命运的不尊重。

我们应该告诉孩子下面这五句话：第一，人可以没有惊天动地的理想，但一定不能失去清晰的目标。第二，在家里你是宝贝，但在学校里和社会上比你优秀的人比比皆是，没人会特殊对待你。第三，成绩重要，身体更重要。第四，别得意忘形，也别妄自菲薄。第五，亲人是世界上唯一无条件爱你的人。

我们应该给予孩子空间，培养孩子的独立性与责任感；我们要允许孩子犯错，给予孩子信任和支持，让孩子获得自驱力，自愿做出改变。总之，我们不要过于插手孩子的人生道路，要让孩子自己打怪升级，积累人生经验。

说到底，我们与孩子不过是同乘一辆巴士的旅客，我们到站了，就应该下车，让孩子独自前行，只要珍惜同路的时光就好。

我们要明白：过度的操心，其实是温柔的绑架；适当的放手，才是高级的慈悲。

让花成花，让树成树，让孩子都活成本该成为的样子，让孩子按照自己的因果走完一生。

12＼　朋友，大多是渐行渐远的无奈

有天夜里，我突然很想念一个好几年都没有联系的朋友。我翻出微信通讯录，踟躇了大半会儿，不知道该说什么好，字打了又删，删了又打，最后只是挤出几个字：“近来如何？”我并没有很快等来她的消息，那晚我在有关我和她点点滴滴的回忆中伤感睡去。第二天醒来，我拿起手机一看，她只回复了几个欲说还休的字：“还好，你呢？”我想对她一吐近年来的不快，但一想到她也许过得不如意，我就放弃了，只是不痛不痒地回复：“我也还好。”我知道我有很多话想对她说，也知道她也有很多话想对我说，但我们好

像因为境遇的不同，再也无法像以前一样无话不说了。

步入中年以后，我发现能见面的老朋友少了，把酒言欢的时刻也少了，在人生路上没有像我希望的那样遇见更多人，反而弄丢了很多人。特别是做短视频之后，我越来越忙，每天忙得不见日月，似乎生命所有的缝隙都被工作填满，我与朋友的走动变少了。“人生南北多歧路，君向潇湘我向秦”，很多朋友都慢慢消失在彼此的世界里。

对于渐行渐远的朋友，我虽然感到很惋惜，但也看得开。随着年岁的增长、三观的改变，以及生活的境遇变迁，我们的默契不复存在，一起走到通往各自的岔路口时，只能分道扬镳。

电影《千与千寻》中有句台词说：“人生就是一列开往坟墓的列车，路途上会有很多站，很难有人自始至终陪你走完。当这个人下车的时候，即使不舍也应该心存感激，然后挥手告别。”

也许，相逢的意义在于照亮彼此，即使短暂，但却真实。

关系本来就是流动的，分别并不是因为不够好，而是彼此的选择不同。

当各自的方向、步调不一致时，单方面的强行留下，只是无谓的挣扎；体面分别，各自奔赴前程，才是最优的解法。更何况，生活中的不确定性太多了，任何小风浪都能将彼此分隔在天涯海角。

杨绛先生说："总有一天你会明白，任何关系到最后只是相识一场，大家也都是阶段性的陪伴。"

有人相遇，有人告别，人生就是一程又一程。

昨天越来越多，明天越来越少，朋友有朋友的生活要照顾，我们也有我们的远山要攀登。

"与君同舟渡，达岸各自归。"我们在江湖中走远，却始终在记忆里相逢。

13＼ 孤独才是人生的常态

我发现一个有意思的现象："孤独"一词没有反义词。

"一个人独时处产生的不舒服感觉"可以用"孤独"来形容，但孤独的反状态，即"与他人在一起时产生的快乐感觉"却无法用一个准确的词来形容，或者说只能勉强用"不孤独"来形容。

你看，"孤独"真是太孤独了，孤独到连反义词都没有。

所以，人不喜欢孤独是有道理的，但孤独又是每个人不得不面对的人生命题。

年少时，我们坚信“莫愁前路无知己，天下谁人不识君”；历经世事之后，我们才发现，芸芸众生，三千繁花，五光十色，我们却格格不入。那些想倾诉的事情，终究止于唇齿，掩于岁月，匿于年华，不可说，不能说，不必说。“古来圣贤皆寂寞”，不是没有人不孤独、不寂寞，只是有的人不愿意说出来罢了。正如马尔克斯在《百年孤独》里写道：“孤独原本是人生常态，生命中曾有过的绚烂都将用寂寞来偿还。”

但孤独并不可怕，我们要接纳孤独。

孤独是成长必不可少的磨刀石，要接纳它。

林徽因说：“终于明白，有些路，只能一个人走。那些邀约好同行的人，一起相伴走过雨季，走过年华，但有一天终究会在某个渡口离散。”

没有人能陪我们一直走下去，自己的路终究还是要自己走完。有伴儿就开心一点，没有伴儿也没关系。

我们要在孤独中反思自己，提升自己，直面困难；我们要在孤独中寻找兴趣爱好，确立目标，让生活变得有意义。

最后我们会发现，曾经胆小怕事的我们变成了强大的我们；曾经以为不可能走完的路，咬着牙还是走完了。

孤独是灵魂的留白，要享受它。

陶渊明说："结庐在人境，而无车马喧。问君何能尔，心远地自偏。"享受孤独不是享受无人问津，而是不依附人群，在喧嚣中仍能听见内心的声音。

年少的时候，我们害怕孤独，不得不跟着众人起哄；成年以后，我们见惯了太多无用的社交，明白那不过是一群人孤独的狂欢，开始享受独自品味人生、沉淀自我。

余华在《细雨中呼喊》里说："我不再装模作样地拥有很多友人，而是回到孤单之中，以真正的我开始了独自的生活。"

享受孤独才是真正的人间清醒，真正清醒的人不再热衷于一场又一场的热闹，也不再需要靠外物来证明自己的价值，更不再需要靠索取他人的情绪来填补自己的空虚和焦虑。在享受孤独中，我们才能真切地感受自我，我们才能真正地爱自己，我们才能真实地感受到生命的丰盈。

人生是一场孤独的旅行，大多时候我们都是一个人在赶路。也许我们害怕的不是孤独，而是精神世界的荒芜。

苏轼说：“竹杖芒鞋轻胜马，谁怕？一蓑烟雨任平生。”当内心的力量足够强大时，我们便能抵抗因孤独而产生的恐惧。那时，我们便会发现，哪里有什么孤独，不过是我们不会享受、不够强大罢了。

秩序

认真生活

生活的粉刷匠

形式

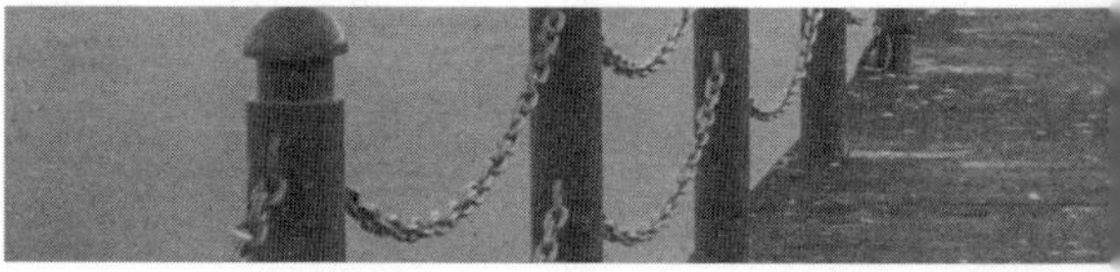

撑起 一叶 扁舟

生活

01＼ 无论如何，请认真生活

如果有人问我："生活的意义是什么？"我会毫不犹豫地回答："做饭，吃饭，洗碗。"对于长期远离厨房的人来说，这个回答似乎比"柴米油盐酱醋茶"更不能让人信服，但确实是我一直以来奉为上等的生活哲学。

在我看来，厨房关乎生存问题。《孙子兵法》说："兵马未动，粮草先行。"只有不远离厨房，我才能把握住生活的节奏，主动安排每天"吃什么"的大问题。有人说，现在餐饮行业多么兴盛，无论是下馆子、去堂食还是点外卖都很便捷，何必每天弄得一身油烟味？虽然这样，除了无法避免的应酬以外，我还是很少吃外面的饭菜。健康考量是其一，口味是其二。吃外面的饭菜，我的嘴巴和肚子总是会发起抗议。

苏轼说“人间有味是清欢”，我很认同这种在寻常生活中找寻“清欢”的生活美学。有一次家里来客人，客人问我：“林姨，你每天工作也不少忙，还亲自掌勺呢？”我回答：“这你就不懂了吧？做饭、吃饭、洗碗，看似寻常、枯燥、烦琐、费时、费力，但每一次完成后，我都觉得是又占领了生活中的一座高地！”客人不禁大笑起来，夸我真幽默，也许这就是有味之外的“清欢”吧！

做饭、吃饭、洗碗，我其实还有另外一种表述方式：自己做饭，吃自己做的饭，洗自己用来吃饭的碗，我认为暗含了某些人生哲理。自己做饭，意味着我们要主动学习谋生技能，保证最低限度地养活自己；吃自己的饭，说的是无论我们收获多少，都要尽情地享用；洗自己用来吃饭的碗，表示我们要收拾自己所造成的残局，为自己所犯的错误埋单。最重要的是，这三件事还形成了一个完整的闭环，从整体来看又启示着我以全局的眼光认真经营我的生活。

柏拉图说："未经审视的生活不值得过。"这是因为未经审视的生活只能称为活着，没有目的，没有创造，没有乐趣，没有幸福，没有自由，没有尊严，更没有价值。像这样活着的人，几乎与动物无异。

很多人只是活过，他们走过了，见过了，却从来没有认真地观察过、思考过，更没有认真地对待过、体会过、享受过。最后，他们的生活流于表面的柴米油盐酱醋茶，败给了鸡毛蒜皮的小事。

当然，我不得不承认，活着与生活有很遥远的距离。对于很多人来说，光是活着就已经消耗了所有力气，体面的生活对他们来说简直就是奢侈品。但正因为这样，我们才更要去审视生活，经营生活，让我们从活着的状态走向生活的状态。如果物质条件不够好，那么我们就去丰富我们的精神，弥补内心的缺乏感。在所能承受的经济范围之内，该吃吃，该喝喝，该玩玩，该买买。那时候我们会发现，如果每一天都能认真地做饭、吃饭、洗碗，就不会认为生活只是活着，或者日复一日的无意义复制粘贴。

所以，无论如何，请认真生活。

去明确生活的目标，去品尝生活的酸甜苦辣，去理解生活的真谛，去学习生活的艺术，去认识生活的价值，去体验生活的乐趣，去享受生活的幸福，把生活变成一道绚烂多姿的风景。

02＼　生活需要秩序

生活似乎也遵循着熵增定律，不断地从有序驶向无序。

房间收拾好才没多久就乱了，窗台擦干净才没几天就落灰了，日记写了两天就不想写了，账单记录了几个月就不爱记了，瘦身进行没几天就去吃肯德基了……但就大多数人来说，生活不会完全失序，而是在有序与无序之间摇摆，我们要确保的是在每一次生活彻底失序之前，找到掉落在沙发底下的生活遥控器，重新将无序的生活调回到失序之前的样子。

彻底失序的生活是恐怖的。

日本曾有一档名为《我家进行断舍离》的综艺节目，它清楚地展示什么是完全失序的生活！在节目里，采访对象的家里堪比垃圾场，根本无处下脚，每一处空间都堆满了像山一样摞起来的物品，有的用黑色塑料袋装着，如废纸盒、空瓶子；有的四处散落着，如过期的罐头、腐烂的饭菜、发霉的衣物……另外还有四处爬行的蟑螂，到处飞的苍蝇，以及到空气中弥漫的污浊之气。我只是看了一会儿，就已经反胃想吐，那样的生活真是地狱级别的呀！把生活过成那样的人，心灵一定也缺乏整洁！

那么，如何防止生活走入到完全无序的境地呢？

我能想到的只有“保持整洁”！当然，我说的主要是针对心灵层面的，一心不扫，何以扫生活，毕竟打扫屋子不是多么难的事情。

人不是机器，心灵一段时间不整理就会变得乱糟糟的，到处扔着没有归档的情绪及意念，以致于不得安宁。

当然，这种间歇性的心灵混乱是很正常的，关键是要找到一个适合自己的方法及时整理。

当内心混乱不堪的时候，我会先一口气睡上12小时，以保证我有足够的能量去面对。然后，我会找一个环境清幽的茶室呆上半天，一边喝茶，一变把心里的情绪、意念归置到我的“心灵抽屉”里。就这样，每次走出茶室时，我都获得了让失序生活重新“保持清洁”的力量 。

生活失序如同多米诺骨牌，一倒全倒。遗憾的是，并没有一劳永逸的办法能够保证生活始终在有序的轨道上前行。

我们必须要像芦苇一样拥有足够的韧性，坚持不懈地与趋向于无序的生活作斗争。因为扎根于有序的生活里，我们的生命质地才会得到提升。

03＼ 做生活的粉刷匠

有段时间，我对什么都提不起兴趣，每天像僵尸一样麻木地活着，吃饭没有滋味，睡觉也睡不醒。生活里的一切都显得百无聊懒，散发着懒洋洋的气息。做装修生意的朋友看到我这样，说："你的生活蔫了。"

我说："那怎么办？"

她说："为生活刷上油漆。"

我说："你行呀，房子刷多了，都能说出诗句了，你当我是生活的粉刷匠呀？"

她说："为什么不可以呢？生活如同墙皮一样，时间久了就会脱皮，变得死气沉沉，只有不断地刷上油漆，才能保持新鲜。”

我说：“瞧你说得这么容易，拿你家的羊毛滚筒刷来刷吗？”

她哈哈大笑，说：“你读了那么多书，当然知道我这是比喻的说法。生活嘛，哪能像卖果蔬一样保证日日鲜的，大多时候不过是今天复制昨天，关键是你要会给自己老旧的生活上色，就像重新装修一样。”

她这话触动了我，我开始认真起来，对她说：“那重新装修房子算不算给生活刷油漆？”

她说：“算呀，改变生活环境也可以为生活注入新的动力。”

我虽心里认可，但还是打趣地说：“我严重怀疑你是来骗我找你装修房子的。”

她哈哈大笑，我心里的阴霾一扫而净。

当然，后来我并没有找她装修房子，但她对生活的乐观态度还是影响了我。我重新摆设家具，把桌布、窗帘换成清新色调的，扔掉长出牙齿的碗及包浆的筷子，还买了一盆栀子花的盆栽放在阳台上，生活又回归了年轻。

法国作家罗曼·罗兰在《米开朗琪罗》中说：“世界上只有一种真正的英雄主义，那就是在认清生活的真相后依然热爱生活。”也许没有一种类似于保鲜膜的东西可以使我们的生活一直新鲜可口，但只要我们肯去做一些改变，就能战胜生活的腐朽。

04＼ 形式的意义

有一次，我跟好朋友及她的女儿一起逛商场。路过化妆品店的时候，她女儿突然问她：“妈，你是不是很久没有化妆了？”我也跟着打趣地说：“你什么时候喜欢素颜出门啦？”她猛地一惊，发现确实很长一段时间没有拾掇自己了，悻悻地说：“你们看出来啦？”她女儿开玩笑地说：“反正好久没见你涂口红了。”她掩饰地说：“你妈老了，不再追求表面的形式美了。”

这话从她嘴里说出来，我还是真是难以相信，要知道，她可是骨灰级口红发烧友呀！她收藏的口红囊括了不同品牌的不同色号，我见过的经典款就不下50支！她以收藏口红为乐，曾经向我夸下海口："我要让我的口红连起来绕赤道一圈！"我差点笑死，不过还是表示支持。因此，她与别的女人最大的不同是：买口红的钱胜过买衣服及其他东西的钱。

提起这件事意在表达我近年来的感悟：好像活得越明白，也就越容易拿"有用主义"对待生活，一切讲究有用、效率、省事，不那么有用的形式慢慢地被抛弃了，对生活的态度就像那句常被人拿来教育别人的话一样，"别整那些花里胡哨的！"。可是，生活没有了形式真的会美好吗？不见得吧！那样的生活肯定是一成不变的，久了难免枯燥乏味。因为生活的本质在什么时候都是一样的，即生存和活着。

形式对于生活来说实际的用处并不大，所以追求形式的生活态度可以称为"无用主义"，但我们还是需要的。

就生活这间房子来说，有用的部分是毛坯房，无用的部分是装修的样式。

一直过毛坯房的日子多少还是不好受的，还有可能失去生活的记忆点，让我们觉得生活“十年如一日”，白活一场，什么也没有留下。

生活还是需要“无用”的形式来装饰的，比如一次全家人的真心话大冒险游戏，一次全家人的旅行，一朵给自己或者他人买的花，设定一个特殊的纪念日，尝试另一种自己不喜欢的服饰风格，坚持一个自己喜欢但并不实际的爱好……

要说形式对于生活的意义，在我看来，莫过于它赋予了生活美好的质感。

05＼ 赋予生活新的意义

我至今仍然记得中学班主任说过的一句话："我打算每年学做一道菜。"我当时觉得很微不足道，用一年时间学一道菜不是什么难事，也不值得炫耀。直到后来我真正走入生活后，才发现这句话是多么地有力量。

俗话说，过一天容易，过一辈子难。

在西方神话中，西西弗斯是科林斯的国王，河神伊索普斯来到科林斯寻找女儿伊琴娜，西西弗斯知道伊琴娜是宙斯掳走的，他用科林斯一条河的四季长流与河神达成协议，把消息告诉了河神。宙斯得知后大怒，派出死神要将西西弗斯捉拿到地狱。没想到西西弗斯用计谋绑架了死神，致使人间很久都没有人死去。西西弗斯彻底触怒了众神，诸神为了惩罚他，把他放逐到地狱之外的地方。在那里，诸神要求他每天都要把一块沉重的巨石推上一座非常陡峭的山上，但由于巨石太重，每次快要推上山顶的时候，巨石又滚下山脚去，前功尽弃，他只能一次次地、永无止境地做这件事。对于我们来说，日复一日的生活过久了，何尝不是一种推巨石上山的行为呢？

那么，我们应该怎么对抗生活的这种重复的荒诞性呢？

法国作家加缪认为，西西弗斯才是自己生活的主人，西西弗斯不断地把巨石推上山顶就是在斗争，这是对诸神最好的蔑视。

我想，如果按照加缪所说的，日拱一卒，努力做自己生活的主人，不断地赋予日常以意义，那么心灵就会变得充实，生活也会更加美好。

06＼　生活不只是女人的事

我听过女人对男人最多的吐槽是：不会生活。

她们嫌弃男人不讲究卫生，不会穿衣服，不会买东西，不会做饭，不会做家务，不风趣幽默，不懂女人心思……总之，大多数男人的生活在女人眼里是枯燥乏味的。

诚然，男人往往被赋予社会更多的责任与担当：对家庭来说，要照顾好父母妻儿，提供稳定的生活保障；对工作来说，要努力奋斗，实现自我价值，为社会作出贡献。讲得实际一点就是，男人的主要任务是赚钱，其他的再说。很多男人也是这样认为的，因此他们往往把大部分时间与精力用在挣钱上，期望赚到足够多的钱来使家庭过上理想的生活，因而忽略了提升经营生活的能力。

其实不是这样的，钱什么时候才能挣够呢？就一个普通人来说，也许一辈子都在挣钱的路上，一辈子也没有赚够获得理想生活的钱，那生活就不要了吗？当然不是。

男人的赚钱能力固然重要，但是懂生活的男人更有魅力。男人都说女人物质，在这里我要为女人正名。女人的物质需求是有度的。物欲正常的女人更渴望经营好自己的小生活，并不会过多地在意是否能大富大贵。

我认为要摒弃这种“男人要先赚钱再生活”的错误思维。

王阳明提出的“知行合一”哲学概念，能指导我们平衡工作与生活。“男人要先赚钱再生活”的错误思维在于把赚钱与生活割裂了，认为赚钱和生活有先后，过分强调金钱是生活的保障。知行合一，在于“知”与“行”同时并举。赚钱本质是生活的一部分，两者是可以同时进行的，只不过要有所侧重而已。

工作是为了更好地生活，生活也是为了更好地工作。没有工作提供的物质保障，生活质量必定受限；没有生活的正向反馈，工作积极性也必定受打击。

我认为，作为男人，在忙碌的工作间隙，插入到日常生活中来，不仅身体能获得片刻喘息，心灵也会因生活的满足得到滋养。工作与生活，有动有静，人生两相宜。具体可以从以下几点着手：

其一，明确自我认知，定义自己的生活。男人的成功常被社会以“收入高低”“职位高低”“是否成家”等标签进行定义，但真正的好生活应该基于自我认同。如果你享受平凡的生活，在工作上就不必那么“内卷”，也不必强迫自己追逐名利，只要工作所得能负担你当下的生活，把更多时间和精力放在生活上就无可厚非。甚至，你可以在伴侣的认可下做全职爸爸或专注艺术创作，这也没什么不可。

其二，始终坚持构建核心能力。侧重生活并彻底放弃提升技能是不可取的。无论什么样的职业，都需要持续地提升专业能力（如技术专长、管理能力、创意输出等），打造属于自己的不可替代性，才能避免陷入“年龄焦虑”，失去生活的底气。

其三，参与生活琐碎，享受生活的乐趣。参与家庭劳动，在做饭、洗碗、扫地、洗衣、整理屋子等家务活中体味日常生活的质感，从中获得维持日常生活所带来的满足感。对于结婚的男人而言，坚持参与家务更懂妻子三餐琐碎的疲惫。除此之外，还要享受自己亲手创造的生活。有空时，或者多陪陪家人，或者外出旅行，或者多做一些自己感兴趣的事情。

其四，要摆脱“男儿有泪不轻弹”的道德束缚。人非草木，岂能无情。男人的情绪同样需要被看见，适时地向家人、伴侣、朋友表达情感需求，不仅有利于排解情绪压力，还能促进亲密关系。

其五，提升软实力，增加生活品味。对于男人来说，挣钱的硬实力比不过比人，还可以通过提升软实力来提升综合实力。要坚持健身，保持良好的身体状态，练就好身材，避免变成“油腻大叔”；要坚持阅读，拓展认知范围；要学习穿搭，提升衣品；要注重饮食习惯，吃干净、绿色的食物；要早睡早起，养足精气神……有品位的生活，才是男人努力的意义。

日常生活的琐碎对于男人来说也许是不容易克服的，但只有认真地生活过，才能明白什么是活过。毕竟，人生所追求的不是从生活中获得什么样的结果，而是获得什么样的生命体验。

男人不应该设限，不要把自己框在赚钱工具的格子里。生活是女人的，也是男人的，认真生活的男人最有魅力。

情绪化

经营自己

家庭与职场

事业

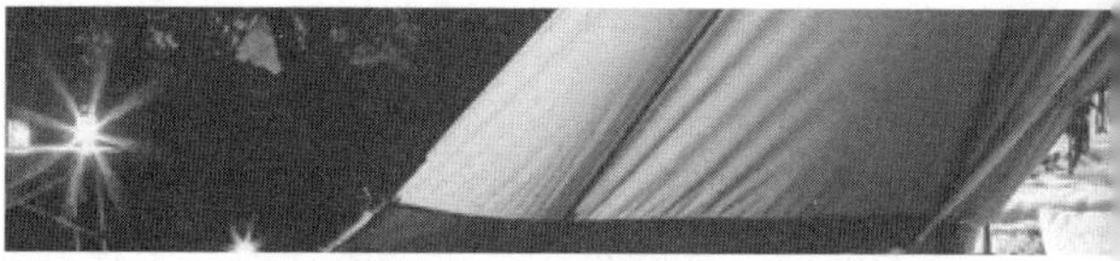

要会 滋养 自己

工作

01＼　月薪 3 万，但想辞职怎么办

一个在互联网公司工作的网友私信我：“林姨，我很想辞职，但身边的人都很反对，该怎么办？”

我很惊讶，因为他的工作在我看来很体面，收入也很高，是很多人挤破脑袋也想要得到的。我不理解地问：“为什么呀？你的工作在我看来很好呀！”

他说：“林姨，其实没那么好。我现在这份工作压力很大，每天不是报表就是策划方案，不是开会就是加班，我很疲惫，失去了工作热情，甚至很恐惧，每天都在抗拒踏入公司的大门。”

我明白了，我说：“你是没有找到工作的成就感吧？”

他说：“对，我跟朋友说，朋友说我矫情，说在工作中找什么成就感，把钱赚到手就行了。我跟父母说，父母也不是很理解，只是让我自己决定，说赚钱的工作不好找。”

我说：“你这状态我懂，只有外在的压力，没有内在的驱动力，就像开车只踩油门不挂挡一样，发动机在空转。”

他说：“对，林姨，你形容得太准确了。说实话，辞去这份工作我也是不舍得的，毕竟工资这么高，去做别的工作可能就很难有这么高的收入了。”

我问他：“如果辞去现在这份工作，你会去做什么？”

他回答：“我想当个插画师。我一直很喜欢画画，因为家里条件不允许，大学才没有去学，选了一个好就业的计算机专业。不过大学的时候，我利用空余时间自学了很多画画的软件，也兼职帮过很多媒体做过插画。”

我打断了他，说：“你现在也可以利用下班后的时间画画呀，不一定非得做全职的。这样你既能赚到钱，也能在你喜欢且擅长的画画中找到成就感。”

他说：“林姨，要是能那样就好了，现实情况是不能。

我每天下了班，身体的电量就耗干了，哪还有心思去画画。即使好不容易有一个不加班的周末，我也只想躺着，为身体充电。”

我又问：“插画师也是很辛苦的，一定会消耗完你时间和精力，而且收入不稳定，你确定你能扛得住吗？”

他说：“但那是我擅长的，我对它有激情，我消耗精力是自愿的，现在的工作是我不情愿的。”

我说：“那你就换工作吧，去做你擅长的事情。”

如果一份工作只是让人谋了生，却不赋予人生存的意义，我想坚持不下去是必然的。

如果一份工作赋予生存的意义，却没有提供足够的薪水谋生，我想也是会让人难受的。

我认为怎么选择都没有错，对生活质量要求高，有能力，就选赚钱的工作；对生活质量要求不高，能发挥自己所长的，那就选自己热爱的工作；谈不上对生活质量有要求，家庭条件不好，有能力，那就先选择高薪的工作吧，先改善一下自身的生存条件，等蛰伏得差不多了再做打算，不可盲目裸辞。总之，就是与自己的需求、能力、热爱相匹配。有所舍弃，亦有所得。

正如陶渊明说的："富贵非吾愿，帝乡不可期。"也许我们很羡慕互联网公司的高薪工作，但互联网公司的人却无时无刻不想逃离；我们只看到金鸟笼住着舒服，却没看到它困住了鸟儿的自由飞翔。

02＼ 用工作滋养自己

不知道你有没有发现，上班摸一天的鱼比认真工作一天更累。

这个现象似乎很普遍，按理说什么都没做应该更精神才对呀！其实不然。首先，你摸鱼的时候害怕被领导发现，由此产生恐惧感和愧疚感，这种持续的压力状态可能会导致疲劳。其次，如果你在摸鱼与工作之间频繁切换，你的大脑就会不断地调整注意力，消耗更多精力。再者，摸鱼会导致你的工作效率低下，拉长工作时间，使你甚至不得不加班完成工作，这不但会增加工作压力，还会累积身体疲劳。最后，如果你摸鱼的内容是低质量的放松，比如刷短视频，那么你非但不会恢复精力，反而会更劳累。

那么，如何度过那些工作不饱和的时光呢？毕竟大多数工作确实有忙有闲，忙的时候忙得团团转，闲的时候闲得长出了芽；甚至有些工作就是很闲，很难不摸鱼。

我认为，既然避免不了摸鱼的情况出现，就把摸鱼摸出价值。

工作有忙有闲的人可以在闲的时候学习与工作有关的技能，让自己变得更加专业，以弥补忙的时候来不及职业充电的遗憾，或者为下一个阶段的工作晋升做好准备。

工作很闲的人首先要评估一下这份工作对自己的成长是否还有作用，如果没有作用，那么你就是在白白浪费生命；如果你一时间换不了工作，那么就把空余时间利用起来，学一门新的技能或者某些专业的知识，为跳槽做准备。

总之，不管从事什么样的工作，空出来的时间都不能为了摸鱼而摸鱼，更不要用对自己毫无意义的娱乐活动打发时间，那样只会变得越来越颓废，越来越焦虑，人生必然往下坡路走。

会工作的人，会用工作来滋养自己。

他们会在工作的困苦中磨砺意志，提高能力；会利用工作中的空闲学习，坚持自我提升；会暗暗利用工作的空闲时间从事自己所热爱的事情，要么更加专业，要么使自己拥有跳槽的成本，要么使自己开辟属于自己的事业。

会用工作滋养自己的人，在工作中很少抱怨，也很少垂头丧气。他们面容整洁，精神气足，看着就很聚财气；他们不会把自己的心事示人，只是暗中努力，十年磨一剑，一出鞘便惊艳身边的人；他们很少在工作闲暇时与别人吹牛，参与别人的热闹，或者沉迷于肤浅的娱乐活动，而是默默地做自己的事情。

对于会用工作来滋养自己的人来说，如果有能力或者有机会去更好的平台，他们就会去；如果没有，他们就蛰伏，利用空闲时间积蓄力量，等待时机。他们这样的人，无论从事什么样的工作，最终都会变得很优秀。

从今往后，希望你也成为会用工作滋养自己的人。

03＼ 工作不必带情绪

傍晚我去公园散步时，听到两个刚进入职场的女孩吐槽工作，其中一个女孩对另一个女孩说：“你都不知道，我今天真的很想在办公室骂街，领导太过分了，我弄完第二版方案，他竟然跟我说还是用第一版吧，你就说气不气人？”我听完都想说：“气人！”

像这样让人恼火的职场情况，每一个职场人都会遇到。那个女孩忍住没有现场发火已经算是能掌控情绪的佼佼者了，我见到更多的情况是脸上立马布满阴云，要么跟找同事或者朋友吐槽一个下午，要么闷着暗自较劲，什么都不干了。

其实，在工作中产生情绪，想骂街，是很常见的一件事。因为很多工作上的事情不是某个人能左右的，比如甲方反复无常，需求加了又加，方案推翻再推翻；比如被同事甩锅，或者功劳被同事窃取；比如领导没有主见，脾气暴躁，不尊重下属，强行加班，形式主义……如此这般，很难不让人从心中燃烧起愤怒。“要不是为了那几两碎银，我早不干了！”这是很多“打工人”的心声！但是，作为“打工人”的我们又没办法彻底辞职。因为那几两碎银虽少，却关乎着我们的生存，所以只能暂时忍耐，在情绪的过山车中走回自己的工位。那就没有应对的方法了吗？当然有。

虽然说这种因为不公正的遭遇而产生的情绪很难安抚，但是如果我们能转变对工作的态度，也许就会好很多，即把工作当成工作，把事业当成事业。

大多数人分不清工作和事业，或者错把工作当成事业。

那什么是工作，什么是事业呢？

简单来说，工作是谋生的手段，只要尽职尽责就行；事业是成就个人的手段，不但尽职尽责，还要尽心尽力。所以，如果只是把工作当成是谋生的手段，那么在不违背自己原则和法律的底线上，只要认真把上级交代的事情做好就行，不必大动肝火。如果遇到诸如被同事甩锅或者窃取功劳的事情，那么就向领导客观陈述事实，争取自己的既得利益，不要因此与同事争吵，因为争吵丝毫没有意义，也解决不了问题。如果被领导打压，甚至是遭到不尊重，甚至侵犯，那就考虑辞职吧，天下这么大，总能找到工作的。

如果认为目前从事的工作是成就自我的事业，那就以主人翁的姿态面对工作，更加积极地寻找解决问题之道，有事情就处理事情。当你心甘情愿，一切也就迎刃而解。

因为工作而产生情绪还是比较好应对的，因为人而产生情绪则比较麻烦，这怎么说呢？因为人而产生情绪的情况有两种：第一，因为与某个人气场不和或因为某个人的某些行为而产生情绪。比如就是单纯不喜欢领导，看见他就烦；比如办公室某个同事不爱卫生，整个办公室都飘着他的气味，每天坐在工位上班简直就是受罪。第二，自己本身就是比较容易情绪化的，一碰到点困难就忍不住炸毛。要克服这两种工作情绪，要么换工作，要么只能修炼自己的内心。比如，主动了解自己不喜欢的领导，没准会发现他其实没那么糟糕，甚至有自己愿意学习的一面；比如，直面自己的情绪化问题，校准自己与他人、工作的距离，相信自己，慢慢学着理性思考，独立处理工作问题。

以上说的都是具体问题的分析及方法，现实工作中产生情绪的地方可能远比我列举的多，但万变不离其宗。

杨绛先生说："一个人的脾气来了，福气就走了。"智者解决问题，愚者发泄情绪；弱者易怒如虎，强者平静如水。

在工作中控制好脾气，一半是为了尊重别人，另一半是为了保护自己。那些工作中的强者早已戒掉了情绪。一个人情绪稳定的背后，是实力，更是格局。

我们去工作的主要目的是赚钱，脾气一来，财气就被吓跑了，只有解决了工作烦恼，我们才能不断积累财气。

迎难而上，远比骂街管用。下一次遇到工作烦恼的时候，不妨对它说：“你好，欢迎光临！”

04＼　要工作还是要家庭

要工作还是要家庭？我想这是全世界女性都会面临的现代问题。

就当下社会情况而言，女性似乎处在一个窘迫的历史时期，一方面受传统观念的束缚，扮演着家庭主妇的角色；一方面受现代女性主义影响，坚持走向独立，走入职场，摆脱靠男性供养的标签。两者所体现出来的价值观很矛盾，女性在面临工作与家庭的选择时陷入了非此即彼的困境，很难两全。真是这样的吗？

要工作还是要家庭，其实是一个传统的社会问题，女性在应对这一问题时，面临着结构性不平等塑造的困境。

按理说，这个问题不应该只让女性承担，因为它的本质并不是个人的选择问题，而是社会制度、性别角色规训和资本逻辑共同作用的结果。这里面其实含有矛盾对立的话语陷阱：

其一，要工作还是要家庭的逻辑背后暗含父权思维，还在延续男性传统的“养家者”角色，将女性置于必须割裂自我价值的困境之中。

其二，劳动市场的异化，导致在资本话语下，全职工作与家务劳动都被异化为商品，掩藏了家务劳动的社会价值，使得男性一方容易忽视女性一方的家务劳动付出。

说白了，这个问题应该由社会、男性、女性来共同解决，而不是由女性单方面承担。但就目前社会发展情况来看，一时半会儿很难解决这个问题。一是社会制度还不完善，不能为女性做全职主妇托底；二是在生存压力下，女性不得不工作赚钱以补贴家用。

作为女性该怎么办呢？这个问题也曾深深地困扰我。

2012年，突如其来的一场意外事故阻断了我的工作之路，使我不得不回归家庭。当时，我的事业正值上升期，我在事业上投入了所有的热情和精力，非常不愿意放弃职场，非常不甘心当家庭主妇。但是没办法，人生之路不会一帆风顺，家里很需要我，我只能看着我在事业上的多年心血付诸东流。刚离开职场时，我感觉被抛弃了，浑浑噩噩地应付着生活琐事，挫败感很强，一度陷入抑郁。好在家人都很关爱我，我才慢慢恢复过来，生活也趋于平静。但就在我以为我已经适应岁月静好的生活节奏时，互联网新媒体的兴起使我发现自己已经与社会脱节了。我那根有关事业的神经又绷紧起来，没日没夜地折磨我。我也曾怪罪家人，但是我发现抱怨并不能解决问题，因为我的家人每天也很辛苦，况且他们对我也足够包容，在我最难过的时候陪在我身边，不离不弃。我开始积极地读书、学习，我搭上互联网的便车到处寻找适合家庭主妇做的事业，我做过微商、淘宝代理商，最后发现通过新媒体短视频的形式将我的人生感悟分享给女性朋友最合适。就这样，慢慢地，我发的视频越来越多，关注我的粉丝也越来越多，我成立了自己的商业品牌——“姨”路有你。回头看，13年时间匆匆而过，我很感谢我一直在坚持。

我知道我的人生经历并不适用于每一个正在面临“要工作还是要家庭”的女性朋友，毕竟那几年正是新媒体发展的风口时期，只要肯用心和坚持，做出点成就并不是很难。

我只想向女性朋友说明的是，当你们面临“要工作还是要家庭”的难题时，务必要心平气和，不要责怪自己的另一半，也不要埋怨社会，因为这并不能解决问题。

我觉得，你们要做的是与另一半沟通协商，在家庭真实情况的基础上做出判断，决定自己是继续留在职场，还是回归家庭照护孩子和老人。

比如，如果家庭条件还不错，父母身体健康能帮忙照顾孩子，做一些家务活，那么在父母愿意的前提下，就可以继续留在职场打拼事业；如果家庭条件一般，父母需要照顾，另一半在事业上更有发展空间，那么可以考虑回归家庭；如果你的事业比另一半发展得更好，更有上升的空间，且另一半也愿意当“全职煮夫”，那么就可以继续打拼事业。

另外，对于家务劳动，如果有经济条件，可以聘请一个保姆来协助；如果没有经济条件，可以商量着共同来完成，但要看另一半工作的忙碌程度，如果另一半每天工作已经很疲倦了，那么就不要勉强。

我还想说明的是，无论选择当家庭主妇，还是选择当职场女强人，都不要有心理负担。

当家庭主妇不一定意味着“寄人篱下”，也不一定意味着家务劳动比另一半工作更辛苦，要正视自己的付出，也要正视另一半的付出，这样才能做到夫妻二人携手并进，各自扛起一方大旗，互相成就对方。

即使当职场女强人，也要看到另一半在家庭里的付出，避免过于忽视家庭生活。

总的来说，不管做出什么样的选择都是可以的，关键在于是否能平衡其中的得失，因为想要完全把家庭和事业兼顾好是很难的。为了经营好家庭和事业，夫妻二人都要做出一定的妥协。

05＼　对颜值不可过高估价

颜值在职场真的很重要吗?

我想只要是个正常女人，都会毫不犹豫地说：“当然！”

不得不承认，外貌条件较好的女性在职场确实有一定的先天优势。

很多工作岗位对外形条件有要求，像前台、模特、礼仪等工作，如果外形条件不如人意，可能连面试机会都没有。

另外，外形条件好的人往往更加自信，更愿意向他人展示自己的能力和魅力，更容易得到领导的青睐，也更容易获得学习机会和资源。

因此，颜值成为女性在职场的一大苦恼也就不足为奇了。颜值甚至成为某些职场女性“内卷”的主要方面。

为了变得更美，她们不惜“服美役”，把大部分工资用于购买品质更高的化妆品和服饰，以及美容服务上。更有甚者，还会冒着生命危险去整形。

但这样真的值得吗？我是持否定态度的。

作为一个在职场里摸爬滚打过的女人，我明白某些时候颜值确实比实力更重要，但只是某些时候。大多时候，女人想要在职场做出成就，还是要靠自身实力。

我认为，靠实力和靠颜值本就是两种职场路线，井水不犯河水，不用放在一起讨论。

如果觉得自己长得不够漂亮，那么就多花时间提升工作能力，一样可以在职场上获得优势，而且有实力的优势才是长期的、可持续的。

即使长得漂亮，也不能“恃宠而骄”，放弃提升自己，要知道“花瓶”的替代性是很强的，没准哪天就被淘汰了。

俗话说："没有丑女人，只有懒女人"。我认为女人没有必要太焦虑自己的容貌，因为按照现在的美容条件，只要稍微努力努力，比如通过化妆品、服饰，让颜值达到平均分不是什么大问题。

另外，让女人真正美丽的不是颜值，而是气质。什么是气质？这么说吧，漂亮是过眼就能得出的结论，而气质是心给出的答案，即真善美的外在表现。一个女人如果心灵世界空空如也，纵使外表华丽，那么也终将苍白无力。提升气质可以通过看书、修心、健身、审美、衣品等实现，比买一堆化妆品、衣服来装饰自己花的成本少得多。有气质的女人更抗衰老，即若有气质藏于心，岁月从不败美人。

长得漂亮只是职场的加分项，而不是职场的通行证。职场上永远不缺18岁的花瓶，单靠颜值征战职场永远无法稳赢。拥有实打实的核心竞争力，做一个美貌与智慧的女人，才是久经职场而不败的终极法宝。

06＼　真正的事业是经营自己

在职场摸爬滚打多年后，我相信很多人都会明白一个道理，那就是：真正的事业是经营自己。

职场如战场，我们即使能力很强，也会有无力的时候。

在职业潜规则面前，我们的能力还不如领导的一句话；在35岁职场危机面前，我们再能扛，也扛不过年轻一代的身体和低成本；在时代浪潮面前，我们所从事的行业再老牌，也会被朝阳行业拍打在地，我们再多么地与时俱进，也有可能会被人工智能取代……世界日新月异，一天一个样，行业在疯狂地内卷，我们在疯狂地追逐，最后我们发现自己不过是“在裤裆里打拳”，除了生存压力变得更大、内心更加恐惧和焦虑之外，我们一无所获。

我们只能像一头被牵着鼻子走的牛一样步履不停、大喘粗气，眼睁睁地看着自己被异化成一颗流水线上的螺丝钉，又无能为力地看着自己被时代淘汰，被公司裁掉。

我们最终会发现，最不确定的是工作，最能确定的只有自己。

工作并不能给我们带来幸福，真正能让我们摆脱生存困境、获得自由和幸福的是经营自己。

马克思曾说过：“人只有通过自我奋斗，才能获得自由和幸福。”

通过经营自己，我们才可能获得真正的智慧，知晓更多世界的运行规律，才能有的放矢地提升自我能力，塑造更强大的内心，以此经营符合自己实际情况的事业，从而过上更好的生活。

《盐铁论》说："富在术数，不在劳身。"正如每一个职场人都明白的"打工是不会富"的道理一样，一味地卖力工作，除了为别人的事业添砖加瓦以外，留给自己的只有疲倦的肉身。

所以，我们要对职业生涯进行布局，要通过自我经营来摆脱令人绝望的工作。

把自己当成事业经营，就是通过自我提升和全面发展，实现个人价值和幸福感。主要有以下几个方面：

第一，经营内心。一个真正强大的人，不是因为身体强大而强大，而是因为内心强大而强大。丘吉尔曾说过："内心世界的强大，是抵御困境的最佳武器。"特别是在一个陷入困境的时候，内心的力量是支撑他战胜困境的主要力量。一个人内心足够稳定的人，他在工作、生活中遭遇挫折时心态往往比一般人好。面对失败时，内心虚弱的人会怀疑自己，自暴自弃；而内心强大的人会更加坚定自己，奋起反击。另外，一个人只有内心足够稳定、足够丰富，他的精神世界才会足够多彩。正如亚里士多德所说："内心的丰富是精神生活的源泉。”一个内心足够强大的人，是不会被喧嚣影响的。所以，我们要多看书、多思考，不要盲目地人云亦云；要相信自己，不要在意别人的片面评价；要把情绪交给自己，不要把悲喜交给外界。像这样坚持下去，我们的内心将会强大到能战胜人生的大部分难题。

第二，经营目标。没有方向的鸟儿是无法展翅高飞的，人也是一样，没有目标就会像没有舵的船一样在茫茫人世乱飘。没有生活目标，必定索然无味；没有职业目标，必定一事无成。目标就是信念，拥有目标，人才能走得更远。就像京东创始人刘强东所说的那样，“先定个小目标”，这个目标可以是工作上的，也可以是生活上的，关键在于它能够激励你。拥有目标之后，人才会有独行的勇气。因此，我们不要再把时间浪费在处理那些外界的纷纷扰扰上，我们只需要聚焦于心中的目标，全身心地投入行动。等到目标实现的时候，我们会变得自信，开心，获得超越自我的幸福感。

第三，经营健康。老话说的好:“身体是革命的本钱。”没有健康的体魄，一切的成功都无足于谈。随着年龄的增长，我们会发现，以前熬夜一宿什么事也没有，现在熬两个小时就顶不住了；以前吃麻辣烫加麻又加辣肚子好得很，现在即使微辣，肠胃也会大肆抗议；以前喝酒用大碗，现在喝一小杯就已经不胜酒力……不是我们不再年轻，而是我们的身体真的变得脆弱了。所以，是时候跟过去不合理的饮食和不规律的作息说再见了。经营好的自己健康，不只是为我们的事业续命，也是对家人的一种保障。

第四，经营情绪。情绪稳定是女人很重要的品质。情绪稳定的女人做事效率更高，婚姻生活更幸福。正如罗翔所说："一个家庭最可怕的不是穷，而是有一个经常制造内耗的人，不停地制造矛盾和争吵。生活在这样的家庭里，每个人的神经都很紧绷，生怕犯点小错误就会引发家庭战争。"家和万事兴，作为女人，我们再也不能像小女孩一样闹情绪了。闹情绪解决不了任何问题，还有可能伤害身边的人。女人稳定的情绪会滋养身边的人，身边人的正反馈又能滋养女人。

如果说这世界上有什么稳赚不赔的生意，那么有且只有一条：经营自己。

你积累起来的学识、修炼有成的自己及拓展开来的眼界，都是别人无法拿走的。无论什么时候，靠自己打下江山，做人才有底气，处世才会硬气。别人家的屋檐再宽，也遮不到自己的雨。只有专注耕耘自己的土壤，才能让幸福的种子破土而出，长成自己想要的样子。

第一财富

认知

财商教育

赚钱功夫

认知的奖励

财富

01＼ 生命是人的第一财富

我曾经在网上看到一个热议话题：什么是人的第一财富？

有人说是钱，因为钱可以保障我们的生存，让我们过上更好的生活；有人说是房子，因为房子可以遮风避雨，使我们安心；有人说是车子，车可以让我们的出行更为便捷……而高赞的回答却是：没有生命，其他的都是扯淡！

人就是这样，越是缺什么，就越想要什么；越是有什么，就越不懂得珍惜什么。

在社会现实的生存压力面前，大多数人都明白“要想活下去，没有钱不行”的道理。因此，他们为了过上富足的生活，像老黄牛一样累死累活地干，丝毫不怜惜自己的身体；他们为了名和利，起早贪黑地忙，丝毫不在意自己的健康。等到拥有想要的一切时，他们才发现自己的生命已经走向了尽头，而苦苦追寻的钱财、名利已经不重要了。最后，他们在无奈的叹息中苦味地嘲笑自己：“真是有命挣，没命花！”这是多么可悲啊！

大多数人在年轻时很难明白的一个道理是：这世界上任何东西都是需要花“命”去“买”的，即任何我们想要的东西都会消耗我们的生命力。

工作虽然挣到了钱，但需要我们付出时间和精力；房子虽然能给我们安全感，但需要我们背上三十年的房贷；甚至爱情，也需要我们付出时间和精力去维护……真的，什么都需要拿“命”去“换”。

人就如汽车一样，年轻的时候，我们很新，性能很好，使我们误以为自己怎么奔驰都不会坏，所以我们不怕重油重盐的食物，不怕昏天暗地地熬夜，不怕烟，不怕酒。我们油门踩到底，一路狂飙，从来不会爱护自己，永远觉得金钱、房子、名声是最重要的。直到有一天，发动机冒烟了，我们才知道该去医院大修了，可是已经晚了。当医生告诉我们生命不可逆的时候，我们才明白：生命才是人的第一财富。

按照这么说，是不是不可以去追求金钱、名利呢？不是的。当然可以追求，毕竟人要活命，没有世俗意义上的财富肯定是不行的。

不过，我认为要有度，要学会分配自己的生命力。

生命力是什么？简单来说，生命力就是生命，就是时间和精力。

我们要时刻记住生命是本钱，只有在确保有本钱的前提下，我们才能去追逐世俗意义上所谓的金钱、房子、财富、爱情、婚姻。

只有守住了“生命是本钱”的底线，我们才不会“乱花”生命，把生命浪费在无用的事情和人身上；我们才不会高估生命的“价值”，去追求即使耗尽自己所有生命也换不来的东西；我们才不会忽略健康，而选择更加自律地生活，以及定期体检，保养身体。而且，一个生命力旺盛的人，更容易招揽财气。

还是那句话，生命是人的本钱，要好好爱护，“其他的，都是扯淡”。

02＼　有一种痛苦叫透支明天

前段时间，我与一个好久不见的朋友聚餐，她跟我说：“林姨，你都不知道我这两年是怎么过来的，老惨了！”

我问：“怎么说，是生意不好吗？”

她说：“生意不好也算是，不过只是表面，最根本的还是因为我陷入了消费陷阱。”

她说到这儿，我脑海里闪过了无数她胡乱花钱的画面，对她说：“你看，我当初说得没错吧？让你花钱收着点，你不信。那你现在什么情况？”

她回答：“我现在还有20万信用卡没还完，不过我跟银行申请了分期，只要按时还就没事了，算是缓过气来了。”

我说：“你不是还做着微商生意吗？20来万对你来说应该不算吃力吧？”

她说：“林姨，生意不好做，收入没以前高了。信用卡欠的钱只是一部分，我还有房贷、车贷，孩子读书也还要钱，现在只能维持最低的还款要求。”

我说：“你老公呢？他不是还开着公司吗？”

她无奈地叹了口气，说：“这两年生意不好做，他的公司也开始亏钱了，不知道能撑到什么时候。”

我感到很惊讶，不过还是安慰地说：“别太担心，一切都会好起来的！”

她倒是挺淡然的，说：“林姨，难了。要怪就怪我当初太不爱惜钱财，太不会用钱了。你还记得有一次我们一起去逛商场，我一次性买了10万的衣服不？”

我说：“记得呀！当时你甚至还嫌麻烦，让店里的服务员给你邮寄到家！”

她笑了笑，说：“当时真的太荒唐了！其实，那时我也才刚刚把微商做起来，收入并没有多到可以一次性消费那么多。”

我笑着说：“那时真是拦你拦不住呀，哈哈！”

她说：“我这个人手一直都很散，在公司上班时是月光，后来做了微商，赚得多了，就更加膨胀了，想买什么就买什么，想去哪里玩就去哪里玩，从来没有看过账单，卡里没钱了，就用信用卡，这张信用卡额度不够了，就再办一张来用。我那几年运气好，正赶上微商的风口，每个月挣得不少，甚至贷款买了房，买了车，每个月还起款来也毫无压力。”

我说：“确实，那会儿你挺风光的。我记得你还请我们坐邮轮去欧洲玩过。”

她说：“可不是嘛。后来生意不行了，才发现这么多年下来我并没有攒下什么钱。更要命的是，我名下的信用卡竟然有6张，欠款60多万，这是我从来没有细看的，买什么直接就支付了，而且都是很日常的消费，以为不会花多少，哪知道花了了这么多！”

我说：“数字支付就是这样的，不知不觉间，钱就花光了。”

她说：“是呀，想都不敢想，我把钱都花在了很多无关紧要的事情上。”

我说：“那你有没有逾期？”

她说：“当然！刚开始我们家的生意还能维持，我还能拆东墙补西墙，套这张的钱去还那张的款，然后又套那张的款去还另外一张的款。后来生意越来越不行了，赚的越来越少，我的微商生意现金流慢慢断了，没有足够的钱进货，只能吃老本，进入了死循环，还款压力瞬间就上来了。那段时间，我的头发一把一把地掉，每天都在担心还款日的到来。后来我老公生意也不好了，我就更加还不上了。我逾期了，银行给我打来电话。我让银行宽限我时间，但银行才不会同意。我没办法，东借西凑，勉强还上。再往后，我逾期次数越来越多，银行天天打电话来催，一家银行刚打来，另一家银行马上又打过来，真是比轰炸机还可怕。到最后，甚至我一看号码便知道是银行来催款了。”

我说：“那真是太恐怖了！那你后来是怎么解决的？”

她说：“后来实在逃不过了，我就把老家的房子卖了，凑了一笔，还了一半，又跟银行签了协议，按照最低的分期还款，这才缓了口气。”

我说：“缓过来就好。”

她叹了口气，说：“哎，现在也是要死不活的。每个月日子过得紧巴巴的，我都考虑把房子卖了。”

我说：“房子现在也卖不起价，再说卖了你们一家三口去哪儿住呀！”

她说：“大不了租房子住呗！只是卖了真是有点可惜，当时我们是在房价高位入的手，现在卖首付都不剩多少了，不过至少每个月不用还房贷。”

听完她这两年的遭遇，我内心五味杂陈。虽然说时有报道类似年轻人乱消费、借网贷、用信用卡透支消费还不上的新闻，但事情真要发生在身边的人身上，我还是有点接受不了。

奥地利作家茨威格说：“所有命运赠送的礼物，早已在暗中标好了价格。”人生就像一场买卖，超前消费所欠下的债，迟早有一天是要还的。

学会花钱，比学会赚钱更重要。

不会花钱的人，即使赚到一座金山也会被掏空；会花钱的人，很清楚自己吃多少饭，因而端多大碗，不会为贪图一时的欢愉透支未来的钱财。

03＼ 有一招自己的赚钱功夫

功夫巨星李小龙的妻子琳达曾经问丈夫：“作为世界第一，是不是不畏惧所有的对手？”

李小龙否认道：“我不是世界第一，我也有害怕的对手。”

琳达听完后，十分惊讶，追问：“什么样的对手让你害怕？”

李小龙说：“我不怕会一万种招式的人，我只怕把一种招式练了一万遍的对手。”

讲这个故事，我想说明的是：赚钱也是一样，学会一招适合自己的“功夫”就足够了。这一招“功夫”不一定使我们大富大贵，但却让我们有能力养活自己。很多人之所以赚不到钱，是因为没明白其中的规律就胡乱跟风，东一榔头西一棒，这一行闯半年，那一行混两年，最后把自己弄得筋疲力尽，还把赚钱的信心消磨殆尽。

那么，赚钱都有什么规律呢？

赚钱大致有三重境界。第一重境界，也是最底层的境界，即靠出卖自己的时间与体力赚钱，比如搬运工、滴滴司机、外卖员、汽车流水线工人等。他们所从事的职业行业壁垒都不高，专业性不强，不需要太多知识，薪资水平很低，人老体衰后就会被市场淘汰。第二重境界，靠出卖自己的手艺赚钱，比如音乐家、作家、工程师、画家、程序员等。他们所从事的职业行业壁垒很高，专业性很强，需要不断地学习领域知识，薪资水平偏中上等，大多数人会因为在行业内的资历越老越吃香。第三重境界，靠商业投资赚钱，比如企业家、投资者等。这个规律能给我们什么启示呢？

如果我们现在靠的是出卖体力赚钱，那么我们可以学一门手艺，靠手艺赚钱；或者在靠体力活积攒财富的同时，学某个领域的商业知识，争取以后创业。如果我们现在是靠手艺赚钱，在继续深耕自己的领域的同时，可以做做理财，提升收入。

按照以上所说的，我们只要找到自己所处的赚钱境界和对应的策略，就可以匹配适合自己的那一招“功夫”了。比如你现在从事的职业是外卖员，那么你要坚定地靠送外卖这一招“功夫”去赚钱，至少坚持三五年，争取赚到人生的第一桶金，或者在有一定的原始积累以后，你再根据自己的眼界、学识、体力等情况另做打算。靠手艺赚钱的也一样，需要有一定的原始积累，才能考虑让钱生钱。

关于钱生钱的策略，我想讲一个我身边发生的故事，这个故事很值得处在第一、二层赚钱境界的人借鉴。

我的团队里有个小伙伴，他来自东北的乡下，家庭条件不是很好，但他学习很用功，大学毕业后去了北京一家教辅出版公司工作。他平时很勤俭，每个月生活花销不超过2000元。在2015—2022年期间，他的工资平均每月1万元左右，但他会拿出至少8000元定投5年期国债。除此之外，包括每年不少于3万元的年终奖、兼职撰稿费、加班费等，他几乎都拿去买了5年期国债。慢慢地，在复利的魔力下，他的国债本息越滚越多，2023年他来到我们的团队时已经存下了100多万，要知道他可是纯靠工资买国债滚起来的财富雪球呀！他跟我说："林姨，我以后就靠买国债这一招赚钱了，等哪天我被职场淘汰了，我就靠国债的利息生活。"

所谓"一招鲜，吃遍天"，只要找到适合自己那一招赚钱的功夫，坚持下去，财富就会越滚越多。

04＼ 对孩子进行财商教育

有一个做生意的朋友对我开玩笑说："我现在最怕的就是我儿子长大以后变成败家子，所以我现在天天对他进行财商教育！"

我也笑着打趣说："你家大业大的，你儿子败不完，放心吧！"

言归正传，人生很多的烦恼都跟钱有关，所以对孩子进行财商教育是很有必要的。

财商与智商、情商是一个人在社会上生存与发展不可或缺的素质。

今天的孩子如果没有财商教育就等于不识字，也相当于不懂互联网，那么什么是财商教育呢？

财商教育就是培养孩子认识、创造和管理财富的能力。

认识就是要让孩子知道钱的价值是什么，从而树立正确的金钱观；创造就是让孩子了解赚钱的规律，从而创造财富；管理就是让孩子学会管理财富。简单来说，财商教育就是教育孩子如何赚钱、花钱、管钱。除此之外，财商教育还要培养孩子对待金钱的“道心”。

人与金钱之间存在着驾驭与反驾驭的关系，我们要培养孩子去驾驭金钱，而不是被金钱驾驭。

驾驭金钱首先要让孩子明白金钱运行的本质，以及如何赚钱；等孩子有赚钱能力后，我们还要教导孩子让钱为自己服务。

这样，孩子长大以后就不会为了钱什么都做，而只是把钱看成是人生渡河的工具，合理利用金钱。

财商教育并不难，在生活里实践就能起到很好的效果，做到以下三点即可：

第一，不避讳在孩子面前谈钱，让孩子知道钱的概念。可以多带孩子去逛超市，让孩子知道钱的价值。

第二，对孩子谈投资，谈存钱，谈利息。可以帮孩子办一张属于自己的银行卡，让孩子养成存钱意识，并向孩子说明银行的运作规律；或者把孩子的压岁钱存在诸如“余额宝”等线上理财产品里，让孩子看见利息收益，知道复利投资的概念。

第三，培养孩子节约用钱及延迟消费的意识。可以把一些消费任务交给孩子，比如线上订餐，让孩子懂得性价比；每当孩子想买东西时，让孩子分出想买的和要买的，要买的优先，想买的等一段时间再说，让孩子学会克制消费冲动，理智消费。

疯狂英语创始人李阳说：“最好的家庭教育，就是让孩子学会赚钱。为什么呢？因为赚钱是情商、智商、逆商、德商的总和。会赚钱的孩子永远不会叛逆，也不会自卑。”

对孩子进行财商教育的意义，不是让孩子跻身富豪排行榜，而是帮助孩子树立良好的金钱观念，以及培养孩子管理财富和延迟满足欲望的能力。

毕竟，只有形成财富思维，孩子长大后才会思考开源与节流对财富积累的重要性，才能看到市场上那些美丽而致命的消费陷阱，才会懂得理性消费，不让自己陷入糟糕的财务状况中，始终拥有支付自己生活的能力。

05＼ 只赚认知以内的钱

在商业投资领域里，有一句广为流传的话："人只能赚自己认知范围内的钱。"这句话看似简单，却道出了财富积累的核心——我们的收入、财富的上限，往往取决于我们的认知水平。

尽管人们都在提"认知"，却未必知道"认知"这个词的真正含义。

认知全称"认知图式"，是人最基本的心理过程，指人们获取知识或应用知识的过程，以及加工信息的过程。它包括感觉、知觉、记忆、思维、想象和语言等。简单来说，认知就是认识世界的方式。

很多时候，人们所说的认知不同，主要说的是思维不同。

对同一件事，因为思维方式不同，看到的自然会分出不同的维度，即一人一世界。对同一个赚钱的机会，不同维度的认知意味着不同的胜率选择。那些超出我们认知范围的钱味着低胜率，自然很难赚到。

认知就像有色眼镜一样，我们戴着什么颜色的眼镜，看到的世界就是什么颜色的，它会限制我们的视野。比如说，一个从来没有接触过互联网的人，让他通过直播带货实现年入百万，是很难的。因为在他的认知范围内，压根没有“流量变现”的概念。但是对于我这样深耕短视频的博主来说，我很清楚互联网媒体运行的规则，我能看到用户的需求及变现的可能，我就会十年如一日地做内容输出，以高质量的文案输出换取粉丝量，等把体量做大后，我就可以通过广告、带货实现盈利。所以，有人说：“不是我赚不到钱，是我不知道怎么赚钱。”

认知还影响着我们赚钱的方式选择。《盐铁论》中说："富在术数，不在劳身。"富人知道靠"苦力活"是不会发财的，天道酬勤只是用来安慰每日辛勤劳作的"打工人"的。富人赚钱靠的是商品无限的时间复利，以及投资的钱生钱。

确切地来说，人只能赚到有效认知以内的钱。因为通过无效认知不仅不能赚到钱，还可能会亏钱。这提醒我们，只赚认知范围内的钱。

一个人在认知范围外赚钱，跟赌博没有任何区别。即使那些通过购买彩票实现一夜暴富的幸运儿，最后也大多因为缺乏理财知识和消费规划而将突如其来的财富挥霍一空。

当然，人的认知水平是动态的，可以通过不断地学习经济学专业知识，以及长期关注市场动态来提升。当认知水平提高了，我们能看到的财富机会就会逐步增加。届时，抓住机会，就可能获得更多的财富。

这个世界到处都是赚钱的机会，但能装进我们口袋里的，只有我们看得见、看得懂、抓得住的那部分。

每一块钱，都是我们认知的变现。想要赚得更多，前提是我们的认知足够支撑起我们的野心。

认知就像财富这把锁的钥匙一样，形成认识，才能轻松捕获，缺乏认知，就只能大力开锁，注定费力多，收获少。

不讨好

不说教

边界感

无效社交

价值 决定 关系 好 坏

交际

01＼ 不用讨好任何人

你是不是总在害怕别人不高兴而不敢拒绝别人？你是不是总在照顾别人的情绪而自我内耗？你是不是总在担忧融不进别人的圈子而附和别人？

如果是，说明你是在以牺牲快乐的方式讨好别人。

但这样并不值得，不管在什么样的关系里，你都不应该去讨好别人。

人活着是为了让自己开心，而不是为了博得别人的欢心。

你是什么样的人，你自己清楚就好；你过什么样的日子，你自己选择就好。你在你的花园里开花，不关别人的事；你在你的田里成熟，也不关别人的事。日子苦点，你就吃点苦；日子好点，你就吃点甜。为了让别人喜欢自己而不断地迎合别人，这样做的后果只能是两头不讨好。不喜欢你的人还是不喜欢你，原来喜欢你也会因为你的面目全非而不喜欢你。萝卜白菜各有所爱，有人喜欢你，就一定有人讨厌你；有人赞美你，就一定有人诋毁你。

不要试图让所有人都喜欢你，因为你不可能让所有人都给你好评。如果你想让所有人都喜欢你，那么你注定会活成悲剧。你将会无法活出自我，你将变成一个没有个性，没有色彩，也没有自我的人。你应该屏蔽掉外界的评价，做自己的掌舵人，专心耕耘自己的快乐。

讨好别人换不来尊重，尊严都是自己给的。

莫言说："刻意讨人喜欢，折损的只能是自我的尊严，不要用无数次的折腰去换一个漠然的低眉。"人只喜欢结交跟自己价值相当或者价值比自己高的人，讨好在人的潜意识里是低价值的体现。

一味地讨好别人只会拉低你在别人眼里的身价，只会让别人越来越看不起你。

你不需要向别人解释什么、证明什么，你只需要把自己该做的事情做好就行，别人看得起你或看不起你，是别人的事情。

你应该放下给别人留下好印象的负担，因为你做得再完美，在别人眼里也许不过就那样。要明白，在世界上，真的没有几个人、几件事值得让你停留那么久。别人的看法，你根本不需要看，你关注自己就好。

人呀，别给自己找不自在！看透不如看淡，看穿不如看开。好事坏事，都会成为往事；好人坏人，终究是别人。不委屈自己，不看低自己，你才能在与别人的关系中被尊重，被平等对待。

关系不是靠讨好得来的，而是靠吸引得来的。

人际关系的本质是价值交换，你要是没有利用价值，再多的人脉也没有用。如果一段关系是通过讨好建立起来的，那么两个人的地位必定像倾斜的天秤一样，一方高一方低，是失衡的。你如果处在地位低的一方，就会被使唤、奴役，而对方是不会给你面子的。

良好的关系一定是建立在同等认知水平、同等价值之上的。

喜欢你或者愿意跟你在一起的人，是因为你自身有魅力；与你志同道合的人从来都不需要你刻意地去讨好，因为真正欣赏你的人，永远欣赏的都是你骄傲的样子，而不是你讨好的样子。陶行知说："要人敬者，必先自敬。"你过好你自己，正常对待别人，该关心就关心，该远离就远离。在一段关系中，你只有尊重你自己，对方才会尊重你；你越爱你自己，就越容易与对方相处。在因上努力，在果上随缘，你的人际关系就会变得轻松很多。

董宇辉说：“人生的意义在于取悦自己，只要是你喜欢的，让你感到舒服的东西，应该都是对的。在短暂的一生里，不要尝试去讨好任何人，因为做不到，永远有人不喜欢你，你讨好你自己就行。”

不要在乎那些与你没有任何关系的人对你的任何评价，因为他们不需要对你的人生负责任。你不用做别人认可的人，不用迎合任何人的标准，你只要仰起头来做你自己，自然就会有人来爱你。

02＼　远离无效社交

什么是无效社交?

无效社交，也称无用社交，指无法为个人带来情感价值、事业价值、生活价值的社交活动。简而言之，只有消耗没有回馈的社交活动都可以称为无效社交。

在网上有一个段子：“你是砍柴的，他是放羊的，你和他聊了一整天，他的羊吃饱了，你的柴呢？”这个段子很好地诠释了无效社交给人带来的危害。

当一个人长期进行那些表面热闹实则空洞，无法为自己带来任何长远价值的社交活动时，他就离废掉不远了。

混迹在无效社交活动中的人都有一种共性：“笑人无，恨人有。”在这样的环境中，你看似被别人花团锦簇，实际上他们都是冲着你的物质价值而来的。你有，你的身边就会出现一群趋炎附势的人把你捧上天；你没有，他们就作鸟兽散，与你相忘于江湖。

一个人越是沉迷于无效社交，越是迷恋于低层次的人际关系，最终只会不断地消磨自己和压榨自己的能量和精力，一边追求肤浅而表面的肉体上的欲望满足，一边让自己在空虚落寞的焦虑和苦恼之下备受折磨。

很多无效社交其实是毫无意义的，即使你费劲心力，最终所能得到的长远价值也趋近于零。

把自己的时间花在低质量的无效社交上，没有任何意义。

低质量的社交，不如高质量的独处。

一个地方只要人一多，就容易聚集戾气，也会随之发生是非。

总是流连于人群，一定免不了参入其中，从而被迫承担人群里的负能量，被无端地消耗精力。

人生的很多苦难其实都是遇人不淑造成的。你懂得远离无效社交中的人群是非，就不会时刻处于消耗的状态，更不会白白耗费时间和精力，穷思竭虑应付周围的人和事。人的身体和心灵往往是相结合的，你被身边的人和事不断纠缠，你的身体自然不会舒坦。相反，如果你离群索居、清净独处、无事挂心，身体就会轻盈，不容易生病。所以，远离无效社交离的人群，在某种程度上就是在养身、养心、养性。

我一直把“关心则乱”奉为圭臬。

在无效的社交活动中，你会过度关注外界发生的事情，过度好奇别人的生活，因此难免陷入比较和内耗的负面情绪中。听到有人说去马尔代夫旅游了，你心里羡慕得不得了；看见别人婚姻美满、工作好、住大平层、开豪车，你心里就会不平衡。所有的比较都在不断强化你心中的一个观念：别人比你幸福。因此，周围人对你而言就是烦恼来源，因为你没法确保自己是人群里过得最好的那个。

真正聪明的人都知道人唯有自渡，方能过上高质量的人生。除了自己之外，别人都是陪伴。很多人生必经的课题只有自己能解，因此人群是没有什么好牵挂的，它不负责解决问题，只会产生问题。很多你想不通的问题，人群里没有答案，有的只是喧嚣。很多让你思绪烦躁的事情，只是因为你不具备独立解决问题的能力。你周围的人群决定你的能量，我们大部分时间的情绪波动、焦虑内耗都来自于和别人的比较。所以远离无效的社交，减少无关信息的摄入，反而能提升的幸福感。

不要指望无效社交中的人际关系能成就你，相反，你不被其中的奸人所害就很不错了。你见的人越多，就会越明白人的复杂、人心的难测。你要明白，在无效的社交活动中，总有一些人心术不正，以榨取别人的利益为追求，把人际关系当成一门生意。如果你碰到这样的人，轻则被吞噬能量，重则毁掉一生。永远不要指望有一个人的出现会改变你的人生，如果有一个人突然给了你这样的感觉，那么你要先问问自己凭什么，以及是不是遇到了杀猪盘。人只能是自己的英雄，只有自己可以成就自己。只有远离一些有毒的人际关系，你才能规避社交风险，得救于水火之中。

真正好的人际关系，是互相给予，互惠互利；是两个资源有余的人彼此提供帮助，产生1+1>2的效果，而不是两个本身就很匮乏的人彼此算计和索取。

你在无效社交中结交的人大概率是低层次的人，他们不可能给你提供任何东西，无论是金钱、爱情，还是善意，他们基本上没有，因为人只有在富余的情况下才有条件对外给予。所以，你要认清一个现实：无效社交是毫无用处的。你只有向内求，不断建设自己，活出自己的价值，才有资格谈对外拓展人脉。你要是有价值，不管走到哪里，都有人想与你结缘；你若是只会讨好，不管付出多少真心，都无法换来重视。

少吃没有营养的饭，少进行没有意义的社交。麻辣鲜香吃着好吃，但是实际只满足了口欲而损害了脾胃；奢华精致交着有面，但实际只满足了虚荣而损害了自尊。虚伪的热闹不如沉默的丰盛，表演的热情不如真诚的冷漠。

无效社交就是一种毒药，只有远离，才能不被无聊透顶的平庸所同化，才能活出富足的自己。

03＼ 只兼容，不说教

不知道你有没有观察到，那些过得好的人明明知道有些人不好、有些事不行，但他们从来都不会主动去提醒、去指点、去说教。是他们太冷漠吗？其实不然。

人最大的执念，就是看到别人犯错误或者走弯路的时候，总想着去纠正别人，拯救别人。

其实，每个人都是在受挫中成长起来的，当你试图去指教别人时，就等于违背了别人的因果，剥夺了别人从痛苦中获益的权利。

再者，人很难被叫醒。人教人教不会，事教人一次就够。吃亏和吃饭具有一样的作用，吃多了自然会成长起来。因为没有极高修为的人，很难听进去逆耳忠言。相反，大多数人只会被激怒，反过来抨击你或者记恨你。所以请收起你的同情心，不要想着当别人的救世主，真正的慈悲是让该犯错的人犯错，让该发生的事情发生。

层次高的人从来不会轻易地指教别人，因为他们很清楚：人与人之间最难跨越的鸿沟是认知。所以一定要记住：即使你的认知水平很高，也不要轻易地去渡一个人，包括你的兄弟和父母。

每个人只能在某个水平内思考，每个人只能活在自己的认知世界里，每个人都被关在自己的思想监狱里，更何况大多数人活着都只是为了睡得更香、吃得更好，而不是追求真理背后的觉醒。

井蛙不可语海，因为大海不在井底之蛙的视野之内；夏虫不可语冰，因为冬雪降临的季节超越了夏虫的生命长度；

凡夫不可语道，因为道的深奥完全超出了凡夫的认知。当你说教别人时，比你聪明的人会认为你是错的，比你笨的人会认为你是在戏弄他。要允许别人做别人，允许自己做自己，而不是在别人身上强加你的喜恶。当你的认知远在别人之上时，对方就会本能地排斥你，因为每个人都想证明自己是对的，以及无时无刻不在诉说着自己的尊严不可侵犯。

你苦口婆心地给别人讲大道理，甚至恨不能插足别人的生活，这确实是出于好心，但是好心未必能做成好情，好人也未必能有好报。

烂泥趴在泥塘里好好的，你非要他扶上墙干吗？咸鱼躺在臭水沟里好好的，你非要翻他身干吗？朽木扔在柴堆里好好的，你非要把他雕成材干吗？这是他们的错，还是你的错？

智者惜口如金，愚者乱点江山。换个角度来说，聪明的不用教，愚蠢的教不会，倔强的不会听。

每一件事情的成功背后，必定离不开方法与实践的统一。即使你很直白地告诉别人怎么做，别人在执行过程中也有因为实践不到位而导致失败的可能。这个时候，别人还可能把原因归咎于你，认为你教的有问题。再者，即使你真的说服了一个人，他也可能不是认同了你的想法，而是你的想法恰好符合他的利益。一个人的觉醒，靠自己的多，靠他人的少。大多数人都在经历世事后才开始明了。所谓不阅世间百态，怎懂沧桑世故；不观千娇百媚，怎知繁华与浮华，正是如此。只有少数人会通过不断提升来让自己慢慢觉醒。总之，要么自我觉醒，要么被现实打醒。

在人际交往中，你可以指点，但是要点到为止。别人能悟到就悟到，悟不到也没办法，千万不要强求。

在成年人的世界里，你要是能兼容对方的低认知，你就兼容；如果不能兼容，那么你就躲得远远的，免得给自己惹事。抛却成为救世主的妄想，只筛选，不教育，才是人与人之间交往真正的尊重。

04＼ 远离没有边界感的人

周国平说："一切交往都有不可超越的最后界限，这界限是不清晰的，然而又是确定的。一切麻烦和冲突都起源于无意中想突破这界限。"所谓界限或者边界，就是你的事情你负责，我的事情我负责；你的空间你做主，我的空间我做主。

我认为，远离没有边界感的人是最好的自我保护。

没有边界感的人就像吸血鬼，他们会一点一点吸走你的能量，让你疲惫不堪；他们会一步一步蚕食你的生活，让你的日子乱七八糟；他们总以跟你亲密为由，干涉你的选择，开你的玩笑，揭你的短；他们会先通过占你的一些小便宜的方式来试探你的底线，如果你不反抗，他们就会愈发得寸进尺，一直到把你榨干为止；他们看似人畜无害，实则自私自利；当他们向你提出一些越界的请求而你没有答应时，他们就会表现出受了天大的委屈，不是指责你，就是站在道德的高地教育你，让你无所适从。

再亲近的人际关系，即使对方对你再好，如果对方不尊重你，也是对你人格的冒犯。

所以，你要清楚地亮出底线，明确自己的禁区。你要记住，那些因为没有突破你的底线而失望或者生气的人，大多数是想占你的便宜而没有占到的人。不要害怕回避冲突而选择妥协退让，否则你就会变成他们随意欺负的工具人。那些没有边界感的人不知道自己的行为过分吗？当然不是，不然他们怎么只会针对害怕冲突、容易被人道德绑架的人呢？因为不管什么时候，先受委屈的总是老实人。你要明白，边界感是一个人社交的基本素质。如果对方没有，那就远离，毕竟保护好自己才是为人处世的第一准则。

对于我们自己而言，越是亲密的人，越要保持距离。

要尊重对方的隐私，不要干涉对方的选择。朋友之间，对方没有主动说的事情，即使你很想知道，也不能刨根问底；对方在做选择时，没有询问你的意见，就不要帮对方做选择。同事之间，少找对方帮忙，少打听对方的背景；对方不同意就是不同意，不能当成是默许。恋人之间也是一样，要有各自的空间，可以互相分享喜怒哀乐，但不能有过于强烈的依赖感和占有欲；可以有异性朋友，但一定要懂得避嫌。

有个词叫“熟人生处”，我很赞同。越是熟悉的人，越要相敬如宾，因为人与人一旦熟悉，就容易没有边界感，容易不讲道理，不讲规则，最后导致关系破裂。

边界感是成年人最好的修养，也是最高级的尊重。

与人相处，要做到亲疏有度，远近相安，因为每个人都有自己的安全距离；要远离没有边界感的人，因为没有边界感的人不是蠢就是坏。

与人相处，可以宽容，但不能纵容；可以珍惜，但不能恃宠。要学会做儒家人，行法家事，生道家魂。

05＼　谨言慎行是智慧

子贡问孔子：“有一言而可以终身行之者乎？”孔子回答：“其恕乎！己所不欲，勿施于人。”

如果让我回答子贡的问题，我会说：“谨言慎行。”

鬼谷子说：“口可以食，不可以言。”

一个字只要不说出口，你就是它的主人；一旦你把他吐露，你就成了他的奴隶。

话一旦说出去，就会表露心之所想；心一但交出去，就会给别人留下把柄。宁可装糊涂，也不要多说话。少说是修养，也是智慧。话讲得太多就容易出错，甚至引起不必要的麻烦，所以我们要谨慎发言。

人生必修课：

第一，不要跟任何人说自己的财务状况。财不外露是一种智慧，也是一种美德。在人际关系中，钱这个字眼非常敏感，想要一段关系长久发展，就永远不要涉及到金钱问题，因为很多关系在金钱面前不值一提。你富，招人嫉妒。社会是一个巨大的修罗场，资源有限，但竞争无限，每个人都在尽可能地获得财富，大多数人都不愿意看到别人成为人生赢家。所以，你要收敛好自己的暴发户心理，少晒幸福，少炫耀成就，才不会刺激恶意。你要明白，在这个世界上，没有几个人希望你过得好，特别是身边与你收入水平相近的熟人。一个月薪3000的人不会嫉妒马云或者刘强东那样身价千亿的人，但会嫉妒另外一个月薪8000的公司同事。人性就是如此，会因为危机感而生出妒忌心。你穷，招人鄙视。你没钱，他们只会笑话你，远离你，看不起你，根本不会可怜你。所以，当没有钱的时候，你只要暗中努力，过好自己的生活就好。

第二，不要告诉别人你还没有实现的目标。事以密成，语以泄败。你要记住，梦想是自己的，与别人无关。人是很容易恃强凌弱的，一边害怕身边出现牛人，一边嫌弃身边出现弱者，所以成事的人基本都很会“藏”。你想做成的事情，在还没有生米煮成熟饭之前，不要到处去说，因为可能那也是别人正在渴望做成的事情。一旦暴露目标，你就会成为别人坑害的靶子，因为你身边那些生活的小丑根本不愿意看到你成功。另外，你的目标被太多人知道，就会引来一堆“军师”，他们叽叽喳喳的，你难以专注做成事业。

第三，不要跟别人说陈芝麻烂谷子的糟心事。你要明白，谁都不是你的树洞，没有义务听你说废话。你以为把伤疤揭开给别人看，别人就会心疼你吗？你以为把伤心事告诉别人，别人就会关心你吗？你以为对别人掏心掏肺，别人就会跟你好吗？别傻了，别人才不会在意你。哪有那么多感同身受，你再难过也没有用，别人只会当你无病呻吟，看你好戏！

第四，不要跟别人分享自己的成功。莫言说：“不要和任何人分享成功的喜悦和任何开心的事，人性中最大的恶，就是见不得别人比自己好。越是聪明的人，越是装傻。”成功是你自己的事情，自己喜悦就好。生活不是一场展示的盛宴，不要为了赢得别人的喝彩而炫耀自己的成果，否则只会招来嫉妒。你要明白，真正在乎你的人，即使你没有成功，他们也会欣赏你。

俗话说：“逢人只说三分话，未可全抛一片心。”止语是上等智慧，慎行是上等律己。在人群中，影响力最大的往往不是那些滔滔不绝的人，而是气场最平和、内核最强大的人。水深则流缓，人贵则语迟。真正看得通透的人会少言行事，多听少答，群处收口，独处守心。

遗憾

允许

不晚

意义

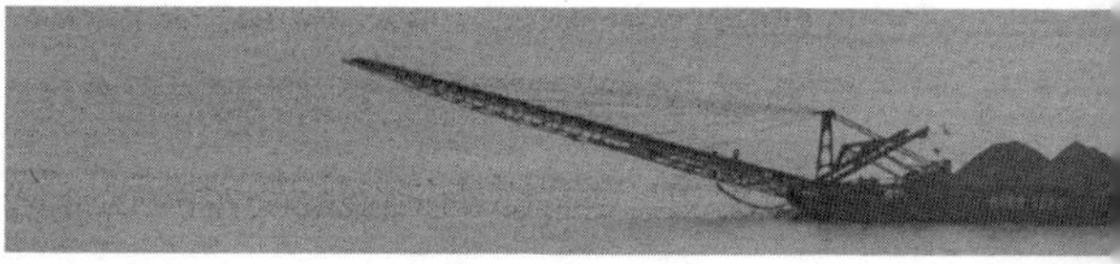

不妨大胆点

人生

01\ 拥抱不完美的自己

你有没有发现，在人生的旅途中，我们总是活在完美的幻想里。

我们觉得自己不够美丽，觉得自己身材不够好，觉得自己不够聪明，觉得自己不够勤奋，觉得自己收获不够多……甚至会讨厌自己，怀疑自己的价值。可是，这个世界上好像什么样的人都有，唯独没有完美的人。

托尔斯泰在《战争与和平》里说："每个人都会有缺陷，就像被上帝咬过的苹果。有的人缺陷比较大，正是因为上帝特别喜欢他的芬芳。”

正是这些缺陷，才构成了我们独特的个性，让我们成为独一无二的自己；正是因为不完美，我们才活得真实，才明白这个世界并不是完全按照某个人的意愿建造的，我们不能想做什么就做什么；正是因为不完美，我们才有空间去塑造自己，超越自己。

季羡林说：“每一个人都想争取完满的人生。但是从古至今，没有一个百分之百完美的人生，不完美才是人生常态。”

人生没有剧本，只能用来体验，不能用来演绎完美。

接受自己的平庸，接受自己的迟钝；允许自己出错，允许自己偶尔断电。只有真正接纳自己，才能与遗憾的人生达成和解。

我们要放下完美人生的执念，去爱不完整的自己。

爱自己最好的方式不是买很贵的衣服，吃很贵的饭菜，而是不取悦别人，不否定自己，不委曲求全，不沉迷往事。能接受的就接受，接受不了的就改变，改变不了的就离开。

无能为力的事情当断则断，命中无缘的人当舍则舍。不要在他人心中修行自己，不要在自己心中强求他人，允许自己做自己，允许他人做他人，允许一切如其所是，接受一切事与愿违。在自己的世界里独善其身，在他人的世界里顺其自然。

诗人莱昂纳德·科恩说："不够完美又何妨，万物皆有裂痕，那是光进来的地方。"世界上虽然没有完美的人，但可以有追求完美的心。聪明的人会在不完美中超越自我，只有愚蠢的人才会绞尽脑汁追求完美的自己。只有勇敢地拥抱不完美的自己，我们才不会跟自己较劲，才能真正地享受人生，收获幸福。

02＼　人生重来一次，还是会有遗憾

张爱玲说：“人生有三大遗憾，鲥鱼多刺，海棠无香，红楼未完。”或许，遗憾才是人生的常态。

原以为少年会不惧岁月不惧风，但总是东风吹醒英雄梦，生活磨平少年心；原以为山一程，水一程，人生何处不相逢，但总是一别再无归期，相见只在梦里。花开有时落，英雄会暮年，美人会老去，人生最易错，即使是王侯将相，也会有未遂的心愿。我们都想要人生不留遗憾，但“世间安得两全法，不负如来不负卿”。读过《西游记》方知，人的一生就是一场修行，一难接着一难。“苦尽甘来终有时，

一路向阳待花期”的上阙，总是“饱尝人间醋与墨，历尽人世酸与苦”。人们总说：“如果重来一次，我就会比现在好！”真会这样吗？我看未必。

其实，人生无论怎么选，都会有遗憾。

不要以为那条没有走过的路会开满鲜花，也不要以为人生重来就可以改变现在的结果。“欲买桂花同载酒，终不似，少年游。”人无法同时拥有青春及对青春的感受，三岁的时候，你可能觉得棒棒糖最重要；九岁的时候，你可能觉得三好学生奖状最重要；十二岁的时候，你可能觉得无忧无虑的寒暑假最重要；十八岁的时候，你可能觉得大学的录取通知书最重要；二十二岁时，你可能会觉得一份好工作最重要；二十六岁时，你可能觉得家庭最重要……从当时的角度来看，每个选择都是最好的。

人生小满胜万全，有些东西正是因为失去，才明白其中的意义。

选错了就选错了，人生本来就没有可参照的剧本，何必一遍一遍地后悔，苛责曾经的自己呢！后悔有什么用？苛责有什么用？即使人生重启，你大概率还是会选一样的路。只要眼睛长在前面，就别被遗憾困住脚步！

人生如戏，戏如人生。戏有剧本，人生却没有。戏可以排练，人生却不能。人生不管怎么过，到老了我们都会后悔。生而为人已经很贵了，我们不能既要又要还要。我们不应该为打翻的牛奶而哭泣，因为它已经回不来了；我们不应该为明天的到来而感到恐惧，因为我们的恐惧没有任何意义。我们只要做好一件事就可以，那就是：不念过往，不畏将来，不负当下。

03＼ 什么时候都不晚

当某个人鼓励你去追逐热爱的事情时，你是不是总会说：“已经晚了。”

其实，不管我们什么时候出发，走了多远，只要我们往前看，总会有人走在我们的前面，比我们更努力，比我们更接近目标，但这是我们怀疑自己、不行动的理由吗？当然不是，只能说明他们比我行动得更早，或者奔跑得更快，理所应当在我们的前面。因此，不要为此感到气馁。

在往前看的同时，你会发现，不管你的速度有多慢，比起那些还站在起跑线的后来者，你都是领先的。

莫言说：“人生没有太晚的开始，只有太早的放弃。你起步晚，未必没有好发展；你在人后，未必一直不如人。在原地侃侃而谈，未必有成绩；在途中全力以赴，一定有收获！”

只要你想努力，什么时候开始都不算晚；只要你愿行动，一切都还来得及；只要你已出发，就一定能抵达目的地。

打算做演员之前，张颂文已经在深圳旅行社做了5年的导游。有一天，旅行团中有一个来自北京的姑娘问他：“你的梦想是什么？”他那时哪有什么梦想，无非就是想着结婚生子，他问：“什么是梦想？”她说：“就是做你最想做的事情。”

因为小时候经常跟着电影院的卢大爷看电影，张颂文很想每天躺在床上看电影，北京姑娘说：“做电影就是你的梦想。”他听后像触电一样，问：“我应该怎么做？”她说：“你可以去考北京电影学院学表演。”那时张颂文24岁，按照常人看来已经很晚了。但张颂文毫不犹豫，那姑娘上午10点对他说的，他下午4点半就坐上了飞往北京的飞机。自那以后，他在影视行业里默默耕耘了近20年。2023年，他因出演电视剧《狂飙》火遍大江南北，成为大器晚成的励志演员。媒体采访时，他说："我比较相信，努力的人一定会在某一个时刻里等来一些结果……我24岁才从事这个行业，我今天可以告诉你们，我把这个事业规划到我死的那天，既然是这样，那我着什么急呢？"

是呀，有什么晚呢？有什么可着急的呢？要知道，只要想改变，都是可以改变的呀！

张朝阳说："你改变不了的原因，是因为你认为改变不了。"

不要太早就认命，有想做的事情就去做。因为不去做，你就会陷入被控制的状态。你看似没有花精力在你想做的那件事情上，但它会占据你的心灵，一点点消耗你的能量，让你陷入非常焦虑、低迷、不耐烦的状态。你只有行动了，去做了，才能夺回心灵的控制权，你的精神内耗才会消失。

毛姆说："人生处处是起点，什么时候都不晚。"人生需要理想点燃激情，你若决定灿烂，便山无拦、海无遮。

苏轼说：“竹杖芒鞋轻胜马，谁怕？一蓑烟雨任平生。”人呀，不怕你勇敢地开始，就怕你怯懦地收场。

种一棵树最好的时间是十年前，其次是现在。莫道桑榆晚，为霞尚满天。请忘记年龄，忘记时间，忘记结果，即刻出发！

04＼　允许一切发生

我听过一句很有力量的话：允许一切发生。

允许自己走错路，允许自己看错人；允许自己爱的人不爱自己，允许自己的工作为难自己；允许自己的努力打了水漂，允许自己的真诚感动不了他人；允许挚爱的疏离，允许世间的生离死别；允许花成花，允许树成树。

心理学里有一句很经典的话：只要你对抗，一切阻力皆存在；只要你接纳，一切阻力都消失。

真正的强大不是对抗，而是允许一切发生。

生活不过是见招拆招，我们能做的不过是顺其自然。我就站在这里，生活给我什么，我就接着；生活拿走什么，我就看着。庄子有一个哲学概念叫“无待”，意思是“无所依赖”，反映在人生态度上就是不对未来做任何期待。佛家也有类似的概念，叫“因上努力，果上随缘”。与“无待”相对的概念叫“有待”，反映在人生态度上就是要掌控一切。但凡事皆有因果，万物自有轮回，都不以人的意志为转移。

有些事做不成，未必是人不行。

在《三国演义》中，诸葛亮最后一次北伐时，司马懿父子中计，闯入蜀军提前埋伏的上方谷。面对蜀军布下的柴火、地雷时，司马懿绝望地说：“我父子三人今日都要葬身此处了！”司马懿的话刚说完，天空就乌云密布，狂风大作，下起了倾盆大雨，不一会儿熊熊大火全熄灭了。诸葛亮看着逃离的司马懿大军，只能无奈地叹气道：“谋事在人，成事在天。不可强也！”可见，很多事是我们无法勉强的呀！

允许一切发生，并不是说我们可以拿着“顺其自然”敷衍人生道路上的荆棘坎坷。

真正的顺其自然，是竭尽所能之后的不强求，而非两手一摊的不作为。

无论身处什么样的境遇，我们都应该做内心强大的人。顺境时，要保持清醒，淡定形容；逆境时，要稳住情绪，抗住压力。这样，我们才能尊重命运的无常，释怀人生的困顿。马斯克说："这个世界就是一个草台班子。"看似精密运转，实则到处都是混乱，我们不需要那么认真地保证自己的人生完美无缺。有困难，克服就好了；有问题，解决就好了。很多时候我们以为的艰难困苦，都来自于我们自己的想象。我们要允许自己平庸，允许自己失败，才会有新的可能。

允许一切发生，你就能无所畏惧，你就能明白凡事发生皆有利于我。

当因果显现出来的时候，你会发现世界上没有可怜人；当慈悲显现出来的时候，你会发现世界上全是可怜人。

当你看见河时，你已在河之外；当你看见山时，你已在山之外；当你能看见自己时，你已在自己之外。

纪伯伦说：“如果有一天，你不再寻找爱情，只是去爱；你不再渴望成功，只是去做；你不再追求成长，只是去修；一切才真正开始。”允许一切发生之后，你就不会纠结于想要的结果。因为你明白，在没有达到想要的结果之前，你就是一个快乐的人，根本不需要等到乐观的结果出现之后你才开始快乐。

05＼ 碌碌无为的人生也没什么不好

人们都说，人生有三个阶段：25岁时，要接受父母的平庸；35岁时，要接受自己的平庸；45岁时，要接受孩子的平庸。

但接受父母、孩子的平庸容易，接受自己的平庸难。

日本作家中岛敦在《山月记》里说：“我生怕自己本非美玉，故而不敢加以刻苦琢磨，却又半信自己是块美玉，故又不肯庸庸碌碌，与瓦砾为伍。于是我渐渐地脱离凡尘，疏远世人，结果便是一任愤懑与羞恨日益助长内心那怯弱的自尊心。”是呀！我们自命不凡，不甘平庸，但又因囿于自己的能力与阶层，只能四顾茫然，踟蹰不前。

一个月三千的工资，会让我们羞于启齿；一套每月缴着贷款的房子，会让我们抬不起头；一张不完美的脸，会让我们感到自卑。我们从未经历过大喜，也未遭受过大悲；我们没有实现梦想，也没有娶到心爱的姑娘或者嫁给中意的男人……我们的人生品起来既没有白酒一样的热烈，也没有雪碧一样的甘甜，就像鸡肋一样，食之无味，弃之可惜。

可是这样的人生才是常态，为什么我们就不能接受呢？

因为我们陷入功利主义导向的思维方式里，一直都活在与不平凡人生的对比之中。影视里，播放的多是拯救天下苍生的英雄，很少是寂寂无名的苍生；新媒体上，议论的多是年入百万的流量博主和光鲜亮丽的明星，很少是平常老百姓的生活；朋友圈里，发的多是奢华的精修生活，很少是布衣饭菜简朴。因此，别人有意展示的生活，让我们相信平凡的我们也可以追逐不平凡人生的幻象。

如果有人问我："你能接受碌碌无为的一生吗？"我会说："二十岁的我是不能接受的，但现在可以。二十岁时，我想要站在万人中央，成为别人的光。但后来我发现，那种光彩夺目的人生就像更亮的灯泡更耗电一样，要付出比别人更多的努力，而且还不是努力就可以做到的。"

谁都想有所作为，谁都想成为英雄，谁都想成为传奇。但不幸的是，大多数人只能做垫脚石，因为金字塔尖只有那么点地，普通大众是注定没有落脚点的。世界像一个成熟的大型网络游戏一样，既要有玩家完成主线任务，也要有NPC（non-player character，非玩家角色）来做点缀。

或许我们终其一生也无法成为美玉，但能做一颗点缀世界的石头又有何不可？向上照顾好自己的父母，向下抚养好自己的孩子，爱自己的伴侣，做好自己的工作，至于票子、车子、面子、里子，尽力去挣就好，不强求。即使无法成为世界的主角，做一个努力向上的小人物也很不错呀！

06＼ 人生的意义是什么

我想每个人都会问：“人生的意义是什么？”

有人说是家庭，有人说是理想，有人说是爱人，也有说人生根本没有意义。虽然没有标准答案，但似乎大多数人对人生都很悲观。

如果以目的来追问人生意义的话，人似乎天生就有一种悲剧性。

来到这个世界时，不是我们自愿的；离开这个世界时，不是我们情愿的。就大多数人的投胎水平来说，二十年读书，三十年还房贷，剩下几十年为医院做贡献，是大概率的结局。所以，我们觉得活着没意思也是正常的，毕竟谁也不想面对童年败给卷子，青年败给票子，中年败给孩子，老年败给身子，最后磨平性子的一辈子呀！

苏轼说："人生如逆旅，我亦是行人。"人生不到百年，我们不过是这世间的匆匆过客。曾经以为老去是一件很遥远的事情，现在才发现青春仿佛是很久很久以前的事情了。我们看似在追求幸福的路上，却离幸福越来越远，走向了愈加痛苦的道路。每个人最终都会变老，都会死去，甚至连人类也可能会灭亡。人们常说，人的一生会死亡三次：第一次是你断气的时候，这是从生物学角度来说的死亡；第二次是在举行葬礼的时候，你的身份将会在这个世界上抹除；第三次是这个世界上最后一个记得你的人死亡，那一刻将是真正的死亡。从此以后，再也不会有人知道你来过这个世界。无论是王侯将相，还是达官显贵，亦或是风流墨客，在历史的长河中，都不过是一粒小小的尘埃，不足挂齿。但以生命的长短来探讨生命的意义合理吗？显然是不合理的，这样只会陷入虚无主义的人生之中。

其实，人生就是一场旅行，重要的不是目的地，而是沿途的风景。

人生的意义，就是你活着这短短几十年的过程呀！尽可能地去体验人生，才能创造独特的生命意义。

所以，你不应该为鸡毛蒜皮的小事烦恼，更不应该拿别人的错误惩罚自己。你应该用心去品尝每一口饭菜，用心去聆听每一次花开，用心去观赏每一处风景，用心去完成每一份责任，用心去感受当下的爱和喜悦。

《金刚经》说：“过去心不可得，未来心不可得，当下心不可得。”不要活在对过去的愧疚里，不要活在对结果的担忧里，甚至连对当下的执着都不要。只要全身心地去体验，让自己的情感和思想流淌。

如果有一天，你不再追寻爱情，而只是去爱；你不再渴望成功，而只是去做；你不再追求成长，而只是去修，那么你的人生才是真正的开始。你会明白，人生的一切都值得全力以赴；你会发现，人生的一切都有意义。

表达

想象

自律

社交

20种 心灵治愈 小方法

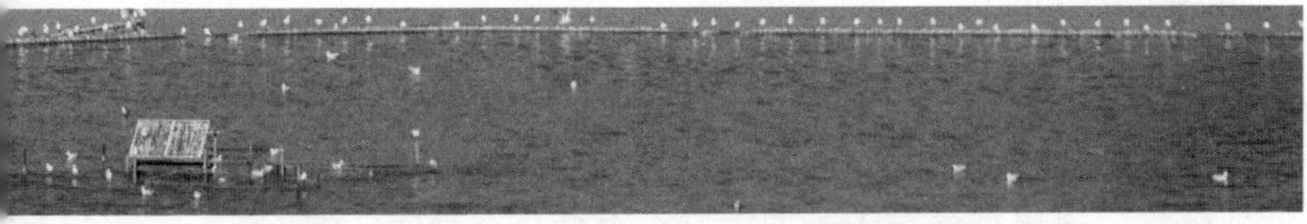

附录

1. 用便签罗列待办事项，然后逐个击破

很多时候，压力都是因为未完成的事情积攒起来而导致的。用纸质（电子）便签把需要做的事情一件一件地写下来，并按重要与否或者难易与否的顺序一件一件地完成，压力也就会跟着消失。

2. 写情绪日记

情绪是不讲道理的，每当闹情绪时，我们很难说清楚自己是什么感受，只是觉得没由头地难受、不安、不舒服，因此我们会陷入失控、无助的情绪漩涡之中。这个时候，尝试写“情绪日记”可能会很有用。我们可以问自己：心里是什么样的感受，悲伤还是愤怒，自己糟糕透了吗，这样的感受可能是因为什么，你想要什么，想要逃避，还是不愿和人交流。

写下来后，我们会发现，给让我们难过的情绪贴上标签，使得我们更容易控制它，由此产生的确定感会让我们好受一些。另外，借助情绪日记，我们还能自我省察、思考，这对于我们的成长、心理健康很有帮助。

3. 适时放松自己

在繁忙的工作之后，要适时地放松自己，允许自己享受生活的乐趣。无论是在家看书、看电影、听音乐、打游戏，还是外出跑步、与朋友小聚，都能让紧绷的神经得到舒缓。不过，切记不要刷短视频，也不要熬夜打游戏。

4. 慢慢吃东西

慢慢吃东西不仅可以增加饱腹感，还有利于促进大脑血流，分泌“快乐荷尔蒙”血清素，缓解紧张情绪，让心情更加愉悦。

5. 想象一些开心的事情

心情低迷时，什么都不要做，找个安静的地方静静地待着，想象那些曾经让自己开心的事情，让自己沉浸在愉悦的状态中。

6. 香薰

香气可以抑制大脑边缘系统的神经细胞，能舒缓神经紧张和心理压力。选择一款自己喜欢的香薰，摆在家里或者公司的桌子上，让自己在香香的氛围中做事。

7. 阅读

心理学研究表明，阅读是最有效的减压方式。在安静的环境下，静心阅读6分钟以上就能有效释放储存的压力。当我们在书海里遨游时，一切忧愁悲伤都会付诸脑后。更重要的是，阅读是给自己充电的最好方式。在阅读过程中，我们会因获得知识而逐渐变得开朗豁达，不惧压力。

8. 用哭泣表达情绪

哭泣常常被视为弱者的标签，如果一个成年人太容易哭，就会被打上“情绪不稳定”的标签，再加上因为词穷而无法把情绪“表达”出来，因此我们常常会被坏情绪憋出内伤。其实，因悲伤、喜悦或遭遇挫折等哭泣是非常正常的情绪表达方式，能很好地缓解情绪及压力。所以，想哭就哭，不要有心理负担。

9. 自律

坚持健身，坚持早睡早起，坚持健康的饮食，让身体达到最佳的状态，才能应对生活带来的挑战。

10. 适当地社交

人是社会性动物，需要与外界建立联系。即使学习再紧凑，工作再忙，也要抽时间与外界联系，哪怕只是与家人或者朋友聊聊天。千万不要孤芳自赏，固步自封，把自己锁在自己的世界里。

11. 少抱怨，多适应

人是环境的产物，如果没办法改变环境，那就改变自己，适应环境，因为抱怨毫无意义，只会徒增内耗。

12. 自我觉察

主动回顾自己的心路历程，用现在的眼光检视以前所犯的错、所受的伤，用更成熟、更客观的立场审视当时的自己，问自己如果再碰到当时的情况会怎么处理。“看见”即疗愈，当我们勇敢地看见过去的自己时，就是疗愈的开始。

13. 找一个可靠的人倾诉

当情绪的火山爆发时，可以找好朋友或者家人倾诉。

14. 深呼吸十次

当压力过大时，我们应当立即停下手头上的事情，把注意力集中在呼吸上，让吸气和呼气的时间比平常持续更久。同时伴随数数，从一到十，然后再从一开始数。如此重复几遍，直到压力得到释放。

15. 动起来

在强烈的情绪冲击下，我们的身体可能会出现诸如僵住、颤抖、胸闷等反应。这个时候，我们可以试着动一动身体，比如张开双臂、走动，或者拍打身体。心理学家认为，改变感受最快的方法就是改变行动。一旦身体动起来，就会变得更有力量感。在这个过程中，情绪也会得到舒展。

16. 接纳情绪

反抗情绪是没有用的，不仅像在激流中游泳一样不明智，还会让我们越来越累。精神痛苦通常不是来自情绪体验本身，而是来自情绪调节的错误。所以，我们要做的是接纳情绪的到来。情绪是我们内在的天气，要像接受今天是阴天一样接受我们此刻沮丧、低落的情绪事实，才会增强我们面对负面情绪的力量感，降低负面情绪的破坏性。接纳它，它很快就会消散。

17. 多给自己积极的暗示

感觉痛苦的时候，大多数时候是我们在对自己进行负面评价。给自己打差评的原因很多，比如被别人拒绝，一次项目失败，或者没有玩伴……但最终的落脚点都在我们觉得自己糟糕：“不够努力、太蠢、没人喜欢。”面对这种情况时，我们不能放大问题，要相信自己，积极暗示自己并不差。

18. 准备专属于自己的“自我安抚包”

有时候，坏情绪来势汹汹，我们可能还来不及做什么，就已经难受得不行了。这时候，“自我安抚包”就该派上用场了。这个“自我安抚包”要对我们有安抚作用，能够让我们感觉到平静、温暖，可以是一本书、一部电影、一支曲子，或者是给某个特定的人打电话。

19. 旅行

在一个地方待久了，我们就会感到厌倦，从而产生负面情绪。在经济条件允许的情况下，出去旅游，看看不同地方的山水，感受异地的民风民情，都能减轻乏味感、厌倦感，缓解来自各个方面的压力。

20. 养宠物

养宠物不仅能带来陪伴和快乐，还能改善心理和身体状况，增强责任感和社交能力。